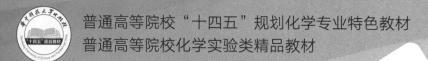

普通高等院校"十四五"规划化学专业特色教材

普通高等院校化学实验类精品教材

化工原理实验及虚拟仿真

主　编　董会杰　　陈飞飞

编　者　李　明　　丁朝建　　张艳波
　　　　毕惠婷　　倪丽杰

华中科技大学出版社

http://press.hust.edu.cn

中国·武汉

内 容 简 介

　　本教材是在近年来成果导向教育理念的指引下,以及化工原理实验装置的更新和虚拟仿真技术的发展下编写的,全书既包括常规验证性实体实验,如雷诺实验、流体力学综合实验、离心泵性能测定实验、恒压(板框)过滤实验、强制对流下空气传热膜系数的测定、筛板精馏塔实验、洞道干燥实验等,又依托于虚拟仿真技术,采用虚拟和实体实验相结合的方法,对上述实验补充了对应的虚拟仿真实验,同时还补充了如喷雾干燥实验等新型分离技术相关实验,内容新颖实用。

　　本书适合作为本科生和专科生化工原理实验及相关专业的实验配套教材,也可作为相关化学实验室工作人员和设计人员的参考资料。

图书在版编目(CIP)数据

化工原理实验及虚拟仿真/董会杰,陈飞飞主编. —武汉:华中科技大学出版社,2023.9
ISBN 978-7-5680-9920-2

Ⅰ.①化…　Ⅱ.①董…　②陈…　Ⅲ.①化工原理-实验　Ⅳ.①TQ02-33

中国国家版本馆 CIP 数据核字(2023)第 162245 号

化工原理实验及虚拟仿真　　　　　　　　　　　　　　董会杰　陈飞飞　主编
Huagong Yuanli Shiyan ji Xuni Fangzhen

策划编辑：王汉江
责任编辑：王汉江
封面设计：廖亚萍
责任监印：周治超
出版发行：华中科技大学出版社(中国·武汉)　　　电话：(027)81321913
　　　　　武汉市东湖新技术开发区华工科技园　　　邮编：430223
录　　排：武汉市洪山区佳年华文印部
印　　刷：武汉市洪林印务有限公司
开　　本：787mm×1092mm　1/16
印　　张：9
字　　数：200 千字
印　　次：2023 年 9 月第 1 版第 1 次印刷
定　　价：29.80 元

前言

  成果导向教育(OBE)是一种以学生的学习产出为导向的教育理念,近年来作为工程教育专业认证的基本理念在我国获得广泛认同,在该理念的指引下,确定了我校化工原理实验课的培养目标。由于化工原理实验是一门以化工单元操作过程和设备为主要内容、以处理工程问题的实验研究方法为特色的实践性课程,具有明显的工程特点,且采用的实验装备都是化工生产中最常用的设备和仪表,为了使学生能更好、更快地理论联系实践,我们结合本校的实体实验设备和虚拟仿真平台,采用虚拟和实体实验相结合的方法,重新组织确定了本教材的内容。通过该课程的学习可以训练学生对仪表和设备的使用能力、数据分析与处理的能力、理论联系实践的能力;同时使学生掌握数学模型法和量纲分析法指导下的实验研究方法,从而能运用所学的理论知识去解决实验和工程中遇到的各种实际问题。

  本教材内容主要分为绪论、化工原理实验研究方法、实验数据处理方法、化工原理虚拟仿真实验概述和13个化工原理实验。绪论主要介绍了本课程的重要性和目的、实体和虚拟仿真实验的特点、教学内容和方法。实验部分则基本涵盖了《化工原理》教材的各个章节,涉及流体流动、过滤、传热、精馏、吸收、干燥和萃取等单元操作,其中有8个虚拟和实体均包括的实验,旨在通过实验训练使学生具备综合运用所学理论知识、实验研究方法和技能,分析和解决工程实际问题的能力。

  本教材由董会杰和陈飞飞主编,李明、丁朝建、张艳波、毕惠婷、倪丽杰参编。本书的出版得到了武汉纺织大学教育教学项目建设经费的资助,同时也得到了华中科技大学出版社的大力支持和帮助,在此一并表示感谢!

  由于编者的水平有限,不当之处恳请读者不吝赐教,在此谨表谢意!

编　者

2023 年 6 月

CONTENTS

目 录

第 1 章

绪论

1.1 化工原理实验概述

1. 化工原理实验的重要性与目的

化工原理实验课是化学化工类专业本科教育中必修的一门专业学科基础课,是一门以化工单元操作过程和设备为主要内容、以处理工程问题的实验研究方法为特色的实践性课程,也是学习、掌握和运用化工原理课程内容的一个必不可少的重要教学环节。

与一般化学实验相比,化工原理实验具有工程特点。每个实验项目都对应于化工生产中的一个单元操作,实验过程中会遇到大量的工程实际问题。对学生来说,可以在实验过程中更实际、更有效地学到工程实验方面的原理及测试手段,在面对一个看起来似乎很复杂的化工过程,可以用最基本的原理来解释和描述,从而可以更深入地理解真实设备、工艺过程与描述这一过程的数学模型之间的关系。因此,化工原理实验不仅训练学生理论知识的运用能力、实验操作的技能、仪器仪表的使用能力,更为重要的是能够训练学生掌握数学模型法和量纲分析法指导下的实验研究方法及数据处理能力,从而使他们能运用所学的理论知识去解决实验中遇到的各种实际问题,初步具备综合运用所学数学、物理、工程基础和专业知识、技能和方法,分析和解决工程实际问题的能力,为将来从事科学研究和解决工程实际问题打下基础,培养良好的工程素养。

2. 化工原理实验的特点

化工原理实验和其他实验的不同之处在于它具有明显的工程特点,与工程紧密联系。化工生产过程涉及的物料千变万化,操作条件也随各工艺过程而改变,使用的设备大小、结构相差悬殊,具有实验变量多、设备大小悬殊的特点。面对复杂的实际问题和工程问题,研究方法也有所不同,一般采用三种研究方法解决实际工程问题,即直接实验法、量纲分析法和数学模型法。而化工原理实验基本上包含了量纲分析法和数学模型法这两种研究方法,这是化工原理实验的重要特征。

虽然化工原理实验测定内容及方法是复杂的,但是采用的实验装备却是生产中最常用的设备和仪表,如泵、管道、压力计、流量计等设备和仪表,这是化工原理实验的第二个特点。

3. 化工原理实验教学内容与方法

化工原理实验教学主要包括实验基础知识教学和典型的化工单元操作实验。

实验基础知识教学部分主要包括讲述实验原理、实验装置和流程、实验方法和步骤、对实验报告的要求等相关知识。

化工单元操作实验包括实体实验和虚拟仿真实验两部分,主要有雷诺实验、能量转换(伯努利方程)实验、流体力学综合实验、离心泵性能测定实验、恒压(板框)过滤实验、强制对流下空气传热膜系数的测定、填料吸收塔实验、筛板精馏塔实验、洞道干燥实验、桨叶萃取塔实验等。

4. 化工原理虚拟仿真实验的特点

化工原理虚拟仿真实验是利用动态数学模型实时模拟真实实验现象和过程,通过3D仿真实验装置交互式操作,得出与真实实验一致的实验现象和结果。它几乎涵盖了化工原理所有单元操作,完全模拟真实的实验,可以演示一些复杂、抽象、不便于直接观察的实验过程和现象,使学生能沉浸其中,形成具有交互效能、多维化的环境,具有沉浸性、交互性和构想性的特点。同时在实验教学中具有利用率高、易维护、不受场地和实验套数限制等诸多优点,为学校的理论教学和实验教学提供了灵活性和多样性。

1.2 化工原理实验研究方法

化工生产过程涉及的物料千变万化,操作条件也随各工艺过程而改变,使用的设备大小、结构相差悬殊,一般采用三种研究方法来解决实际工程问题,即直接实验法、量纲分析法和数学模型法。

1. 直接实验法

根据研究的目的、任务,人为地制造或改变某些客观条件,控制或模拟某些化工生产过程,直接进行观察研究,这种方法称为直接实验法。

2. 量纲分析法

量纲分析法又称为因次分析法,本质是一种数学分析方法,是在分析了影响因素即析因实验的基础上应用量纲分析法来规划实验,然后再进行实验得到应用于各种情况下的半理论半经验关联式或图表。通过量纲分析法,可以正确地分析各变量之间的关系,从而达到简化实验的目的。例如,本书第 6 章中流体流动过程中摩擦系数 λ 的求取,以及第 8 章中传热过程对流传热膜系数 α 的求取都是采用的量纲分析法。

3. 数学模型法

数学模型法是将化工原理单元操作过程简化成物理模型,然后建立数学模型,之后再通过实验找出联系数学模型和实际过程的模型参数,使数学模型能得到实际的应用。例如,吸收中的双膜模型就是以双膜模型为理论基础,应用分子扩散的菲克定律推导出气、液膜分子扩散速率方程,以及总传质速率方程,然后将其用于设计并计算填料塔的塔高。

第 2 章

实验数据处理方法

由于种种原因,测量实验所得数值和真值之间,总存在一定的差异(即使是非常精密的仪器,也只能测出真值的近似值),这种差异在数值上表现为误差。对测量误差进行估计和分析,对评判实验结果和设计方案具有重要的意义,是我们应该熟练掌握的内容。

2.1 实验误差分析

1. 真值和平均值

真值是待测物理量客观存在的确定值,也称理论值或定义值,但真值一般不能直接测出。实验科学给真值下了这样一个定义:无限多次的观察值的平均值,称为真值。由于实验观测的次数是有限的,因此有限次数观测值的平均值只能接近于真值,称为最佳值。常用的平均值有算术平均值、均方根平均值、对数平均值、加权平均值、中位值,在化工实验和科学研究中,数据的分布多属于正态分布,所以经常采用算术平均值。

2. 误差的性质和分类

在任何一种测量中,无论所用仪器多么精密,方法多么完善,不同时间所测得的结果不一定完全一致,而是有一定的误差和偏差。严格来讲,误差是指实验测量值与平均值之差,但习惯上通常不对两者加以区别,根据误差的性质和产生的原因,可将误差分为系统误差、偶然误差和过失误差三种。

(1) 系统误差:指在相同的实验条件下,对同一量进行多次测量时,误差的数值大小和正负始终保持不变,或随着实验条件的改变按一定规律变化的误差,称为系统误差。例如:刻度不准、零点未校准的测量仪器;实验条件的变化,如温度、压力、湿度的变化;实验操作者的习惯与偏向等都可能造成系统误差。由于系统误差是测量误差的重要组成部分，消除和估计系统误差对于提高测量准确度十分重要，一般来说系统误差是有规律的，其产生的原因往往是可知的，找出原因后，经过精心校正和检查可以消除。

（2）随机误差（偶然误差）：指在相同条件下测量同一物理量时，误差的绝对值时大时小，符号时正时负，没有确定的规律，但这种误差完全服从统计规律，对同一物理量做多次测量，随着测量次数的增加，随机误差的算术平均值趋近于零，因此多次测量的算术平均值将接近于真值。

（3）过失误差：由于操作错误或人为失误所产生的误差，这类误差常表现为特别大。由于这是人为产生，只要精心操作便可避免，故这类误差在数据处理时应予以剔除。

3. 误差的表示方法

（1）绝对误差：用测量值 x 减去真值 A，所得余量的绝对值 Δx 为绝对误差，记为

$$\Delta x = |x - A| \tag{2-1}$$

由于真值一般无法求得，实际工作中一般取高一级仪器的示值作为真值。

（2）相对误差：衡量某一测量值的准确度的高低，应该用相对误差 δ 来表示，记为

$$\delta = \frac{\Delta x}{x} \times 100\% \tag{2-2}$$

2.2　实验数据处理

1. 有效数字

在测量和处理实验数据时，应该用几位数字来表示测量和实验结果，这是一个很重要的问题。那种认为小数点后面的数字越多越准确或者是运算结果保留的位数越多越准确的想法是错误的。测量值所取的位数，应正确反映所用的仪器和测量的方法可能达到的精度。

记录测量数值时，一般只应也只能保留一位估计数字，例如，微压计的读数为 215.8 mmHg，前三位数字 215 是准确知道的，0.8 是估计读出的。为了能清楚地表示出数据的准确度和方便运算，可将读取的数据写成指数的形式，绝对值大于 10 的数记为 $a \times 10^n$，其中 $1 \leqslant |a| < 10$，n 为正整数，此时微压计的读数为 2.158×10^2，它表示其有效数字为四位，需要注意的是即使有效数字末位为零，也要记取。

如果是非直接测量值，即必须通过中间运算才能得到结果的数据，可按有效数字的运算规则进行计算。

（1）加减法运算：计算结果所保留的小数点后的位数，应与小数位数最少的数相同。

如 13.65、1.632、0.0082 相加时,应写为 13.65＋1.63＋0.01＝15.29。

（2）乘除运算:其结果的有效数字,应与所给各数中有效数字位数最少的相同。如 1.3048×236＝307.9328,取结果为 308。

（3）在乘方和开方运算中,其结果的有效数字位数和其底的有效数字位数相等。

（4）在对数计算中,第一种情况是以 e 为底的自然对数的有效数字位数,要等于真数的有效数字位数,如 ln2017＝7.609。第二种情况就是以 10 为底的对数的有效数字位数,结果尾数部分的有效数字位数与真数的有效数字位数相同,如 lg2017＝3.3047。

2. 实验数据的处理

化工原理实验测量多数是间接测量,实验数据一般处理的程序是:首先将直接测量结果按前后顺序列表,然后计算中间结果、间接测量结果及其误差,再将这些结果列成表格,最后按实验要求将实验结果用图示法或经验公式表示。

1）实验曲线的绘制

实验数据用图形表示具有直观清晰、便于比较、容易看出极值点与转折点以及变化趋势的特点。根据数据作图,通常需要考虑如下问题。

（1）坐标系的选择

化工专业常用的坐标有直角坐标、对数坐标和半对数坐标。坐标系的选择可具体根据数的关系或预测的函数形式进行选择,线性函数宜采用直角坐标。如果函数是幂函数,采用对数坐标以使图形线性化。指数函数则采用半对数坐标;若自变量或者因变量中的一个最大值与最小值之间数量级相差很大时,也可以选用半对数坐标。在对数坐标上,标出的数值为真数,原点是 1 而不是 0,又由于 1、10、100 等的常用对数为 0、1、2,所以在坐标纸上每一数量级的距离都是相等的。

（2）坐标的分度

坐标的分度应与实验数据的有效数字大体相符,最适合的分度是使实验曲线坐标读数与实验数据具有相同的有效数字位数。横纵坐标的比例不一定要一致,可根据具体情况来选择,使实验曲线的坡度介于 30°～60°之间,使曲线坐标读数准确度较高。

2）经验公式的确定

当实验数据采用图示法或列表法表示后,在某些场合需进一步用数学方程表示各个参数和变量之间的关系。此方法不但简单,使用也方便,是一种重要的方法,通常采用图形比较法,即将实验数据绘成实验曲线,并与典型曲线相对比,加以选择,同时求出方程的常数和系数,求得经验公式。

经验公式中求常数和系数的方法很多,常用的有直线图解法、平均值法和最小二乘法。

（1）用直线图解法求解待定系数

当所研究的关系是线性的,均可用 $y=kx+a$ 来表示,该直线的斜率为方程中的 k 值,截距为 a 值。需要注意的是,在对数坐标系中直线方程的斜率和截距与直角坐标系不同,不能用标度数值计算,应该用它的对数。

（2）平均值法求解待定系数

选择能使各测定值的偏差的代数和为零的那条曲线作为理想曲线,通过该曲线求得常数和系数。

（3）最小二乘法求解待定系数

偏差有正有负,数据处理时,正负可能抵消,而不足以表示数值偏差的实质,但偏差的平方均为正值,若偏差的平方和最小,即各偏差最小。最小二乘法定义最理想的曲线就是使各点同曲线的偏差的平方和最小。此法手算比较烦琐,可利用计算机进行计算。

第3章

化工原理虚拟仿真实验概述

化工原理虚拟实验室仿真软件是利用动态数学模型实时模拟真实实验现象和过程，通过 3D 仿真实验装置交互式操作，得出与真实实验一致的实验现象和结果。每位学生都能独自参与做实验，观察实验现象，记录实验数据，达到验证公式和原理的目的。虚拟仿真实验能够体现化工实验步骤和数据梳理等基本实验过程，满足工艺操作要求和训练要求。

1. 虚拟仿真实验内容

虚拟仿真实验包括下面的实验内容：

（1）雷诺实验；

（2）流体力学综合实验（虚拟仿真画面见图 3-1）；

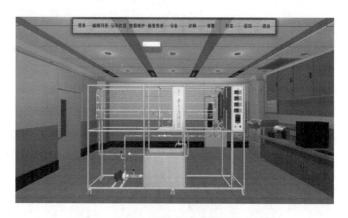

图 3-1　流体力学综合实验虚拟仿真画面

（3）离心泵性能测定实验（虚拟仿真画面见图 3-2）；

（4）传热综合实验；

（5）恒压过滤常数测定实验；

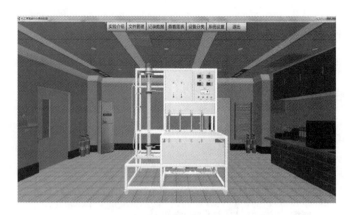

图 3-2　离心泵性能测定实验虚拟仿真画面

(6) 填料吸收塔实验(虚拟仿真画面见图 3-3);

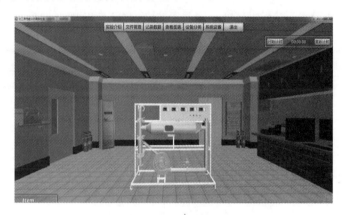

图 3-3　填料吸收塔实验虚拟仿真画面

(7) 筛板精馏塔实验;

(8) 洞道干燥实验(虚拟仿真画面见图 3-4)。

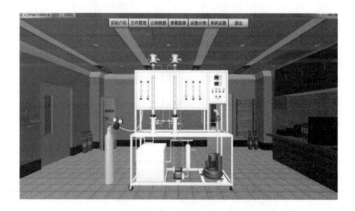

图 3-4　洞道干燥实验虚拟仿真画面

2. 化工原理实验虚拟仿真菜单功能

（1）人物控制：键盘操作为 W（前）、S（后）、A（左）、D（右）（见图 3-5），鼠标右键用于视角旋转。

图 3-5 人物控制键

（2）进入主场景后，可进入相应实验室，如流体力学实验室，完成实验的全部操作，进入实验室后可回到主场景。

（3）拉近镜头：鼠标左键双击设备进行操作。

（4）开关阀门、其他电源键或者泵开启键均为鼠标左键单击操作。

3. 菜单键功能说明

进入相应实验室后，上方菜单键如图 3-6 所示，其功能分别介绍如下：

| 实验介绍 | 文件管理 | 记录数据 | 查看图表 | 设备分类 | 系统设置 | 打印报告 | 退出 |

图 3-6 菜单键

【实验介绍】：介绍实验的基本情况，如实验目的及内容、实验原理、实验装置基本情况、实验方法及步骤和实验注意事项等。

【文件管理】：可建立数据的存储文件名，并设置为当前记录文件（见图 3-7）。

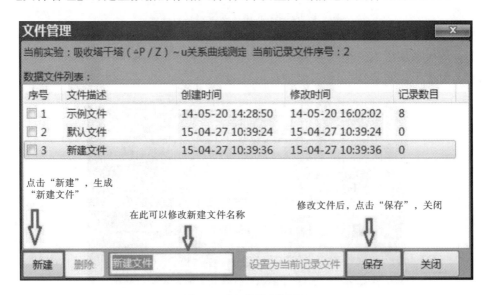

图 3-7 "文件管理"窗口

操作方法：可新建记录文件，点击下方"新建"按钮，可以修改新建文件名称，并设置为当前记录文件，点击"保存"按钮保存该文件。

【记录数据】：实现数据记录功能，并能对记录数据进行处理。记录数据后，勾选想要进行处理的数据，然后单击"数据处理"按钮即可生产对应的数据（见图 3-8）。

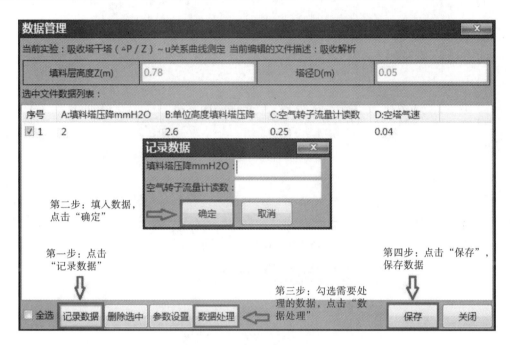

图 3-8　"数据管理"操作

操作方法：

（1）点击"记录数据"按钮，弹出"记录数据"窗口，在数据记录窗口中选择下方的"记录数据"按钮，弹出"记录数据"框，在此将测得的数据填入。

（2）数据记录后，勾选要进行计算处理的数据（若想处理所有数据，将"全选"复选框勾选即可），选中数据后，点击"数据处理"按钮，就会将记录的数据计算出结果。

（3）如果数据记录错误，可将该组数据勾选，点击"删除选中"按钮，即可删除选中的错误数据。

（4）数据处理后，若想保存，点击"保存"按钮，然后关闭窗口。

【查看图表】：根据记录的实验表格可以生成目标表格，并可插入到实验报告中，如图 3-9 所示。

【设备分类】：对设备进行分类，单击类别能迅速定位到目标。

【系统设置】：可设置标签、声音、环境光。

【打印报告】：仿真软件可生成打印报告作为预习报告提交给实验老师，如图 3-10 所示。

【退出】：点击"退出"按钮，弹出如图 3-11 所示的界面。

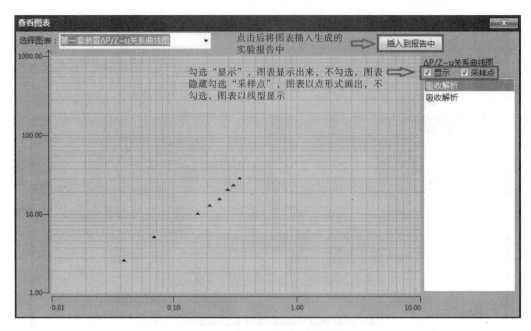

图 3-9 "查看图表"页面

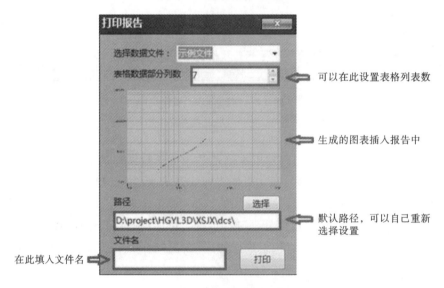

图 3-10 "打印报告"窗口

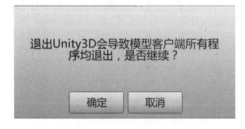

图 3-11 "退出"窗口

4. 详细说明

（1）数值显示表

该类表为显示表，没有任何操作，直接显示对应数值，如图 3-12 所示。

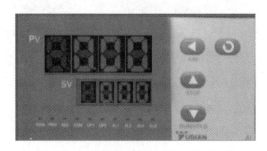

图 3-12　"数值显示表"初始化面板

（2）设定仪表

仪表上行 PV 值为显示值，下行 SV 值为设定值，如图 3-13 所示。

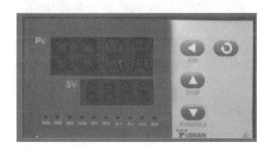

图 3-13　"设定仪表"面板

按一下控制仪表上的 ⟳ 键，在仪表的 SV 显示窗中出现一闪烁数字，每按一下 ◀ 键，闪烁数字便向左移动一位，哪个位置数字闪烁就可以利用 ▲、▼ 键调节相应位置的数值，调好后重按 ⟳ 键确认，并按所设定的数值应用。

（3）多值显示仪表

该类仪表可以读取多个显示数值，上行显示为数值，下行为代表序号。如图 3-14 所示，光滑套管空气入口温度对应代表序号为 1，强化套管空气入口温度代表序号为 3。仪表操作说明：按一下控制仪表 ▲ 键，代表序号加 1，上行数据也会跟随之变化为对应代表数值，按一下控制仪表 ▼ 键，代表序号变为最后序号，依次循环。

（4）调速器

调速器面板如图 3-15 所示，它主要用于设定搅拌器电压，按下调速开关 ▭ 后，旋转 ⬤ 按钮。

13

图 3-14 "多值显示仪表"面板

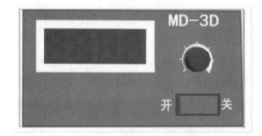

图 3-15 "调速器"面板

第 4 章

雷诺实验

4.1 实验目的

(1) 观察和认识流体在圆管内流动时的流动型态与速度分布,并测定不同流动型态对应的雷诺准数。

(2) 掌握根据雷诺准数判断流动型态的实验方法,能够对实验得到的结果和现象与理论知识进行关联、分析和讨论。

4.2 实验原理

流体在圆管内的流动型态可分为层流、过渡流和湍流三种状态,可根据雷诺准数来进行判断。当流体做层流流动时,流体质点做平行于管轴的直线运动,且在径向无脉动;流体做湍流流动时,其流体质点除沿管轴方向做向前运动外,还在径向有脉动,从而在宏观上表现出流体是紊乱地向各个方向做不规则的运动。本实验采用测定不同流动型态下的雷诺准数,以及观察流动过程中的流动型态,来验证该理论的正确性。雷诺准数是一个由流速、管径、流体密度和黏度组合而成的无量纲数群,用 Re 表示。

雷诺准数:

$$Re = \frac{du\rho}{\mu}$$

式中: d ——管径,m;

u ——流体的流速,m/s;

μ——流体的黏度,kg/(m·s);

ρ——流体的密度,kg/m³。

工程上一般认为,流体在直圆管内流动时,当 Re 小于 2000 时为层流;当 Re 大于 4000 时为湍流;当 Re 为 2000 到 4000 时,流体处于一种过渡状态,可能是层流,也可能是湍流,或者是二者交替出现,视外界干扰而定,一般称该 Re 范围为过渡区。

雷诺准数的公式表明,当一定温度的流体在特定的圆管内流动时,由于流体的密度、黏度和管径确定,Re 此时仅与流体流速有关。本实验就是通过改变流体在管内的流速,从而改变 Re,来观察在不同雷诺准数 Re 下流体的流动型态。

4.3 实 验 装 置

1. 实验装置简介

雷诺实验装置主要由墨水瓶、水槽、阀门、测试管、转子流量计、出水管等组成,如图 4-1 所示。实验虚拟仿真装置示意图如图 4-2 所示。

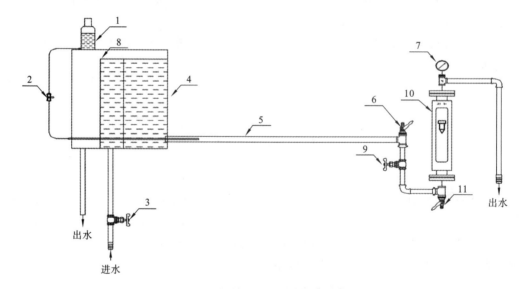

图 4-1 雷诺实验装置示意图

1—墨水瓶;2—调节夹;3—进水阀;4—水槽;5—测试管;6—排气阀;7—温度计;
8—溢流口;9—流量调节阀;10—转子流量计;11—排水阀

2. 实验设备主要技术参数

实验管道有效长度 $L=1000$ mm,外径 $d_o=30$ mm,内径 $d_i=25$ mm。

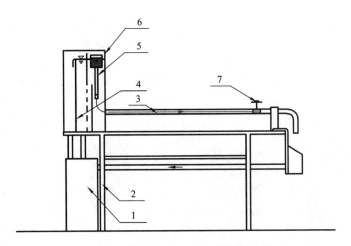

图 4-2　雷诺实验虚拟仿真装置示意图

1—供水器；2—实验台；3—测试管；4—溢流板；5—有色水水管；6—水箱；7—流量调节阀

4.4　虚拟仿真实验操作步骤

1. 实验前准备工作

（1）向红墨水瓶中加入适量用水稀释过的红墨水。

（2）观察细管位置是否处于管道中心线上，适当调整使细管位置处于实验管道 3 的中心线上。

2. 开始实验

（1）打开水龙头开关。

（2）打开供水器，使水进入水箱。

（3）待水箱溢流槽内有液体时，打开流量调节阀 7。

（4）待测试管 3 中有水流过后，打开红墨水入口阀，观察实验管内现象并记录流量。

（5）改变流量，多测几组。实验结束后关闭红墨水入口阀。关闭流量调节阀 7 和水龙头开关，关闭供水器。

雷诺实验虚拟仿真画面如图 4-3 所示。

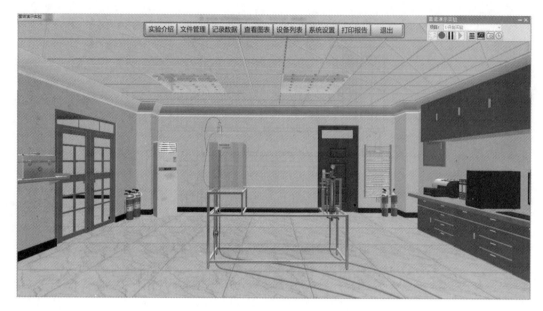

图 4-3　雷诺实验虚拟仿真画面

4.5　实验操作步骤

1. 实验前准备工作

（1）如图 4-1 所示，向墨水瓶 1 中加入适量用水稀释过的红墨水，调节调节夹 2 使红墨水缓慢充满进样管。

（2）观察细管位置是否处于测试管 5 的中心线上，适当调整针头使它处于测试管 5 的中心线上。

（3）关闭水流量调节阀 9、排气阀 6，打开进水阀 3 向水槽 4 中注水，使水充满水箱并产生溢流，保持一定溢流量。

（4）慢慢开启水流量调节阀 9，使水缓慢流过测试管 5，并让红墨水充满细管道。

2. 实验开始

（1）缓慢地调节红墨水流量的调节夹 2，调节流量调节阀 9，使流量在 $60\sim180$ L/h 范围从小往大每次增加 20 L/h，同时观察和记录测试管 5 内红墨水流束在不同流量下的流动状况，并计算相应的雷诺准数。红墨水流束所表现的即是当前流量下测试管 5 内水的流动状况，如图 4-4 表示的是层流流动状态。

图 4-4　层流流动示意图

（2）因进水和溢流造成的震动，有时会使实验管道中的红墨水流束偏离管中心线或发生不同程度的左右摆动，此时可立即关闭进水阀 3，稳定一段时间，即可看到测试管中出现与管中心线重合的红色直线。

（3）为消除进水和溢流所造成震动的影响，在层流和过渡流状况下的每一种流量下均可采用（2）中介绍的方法，立即关闭进水阀 3 等待稳定，然后观察管内水的流动状况，图 4-5（a）、（b）分别表示过渡流和湍流的流动状况。

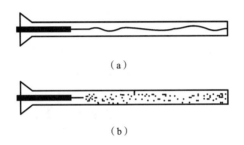

（a）

（b）

图 4-5　过渡流、湍流流动示意图

3. 圆管内流体速度分布演示实验

（1）关闭进水阀 3 和流量调节阀 9。

（2）将红墨水流量调节夹 2 打开，使红墨水滴落在不流动的实验管路中。

（3）突然打开流量调节阀 9，在实验管路中可以清晰地看到红水线流动所形成的如图 4-6 所示的流速分布。

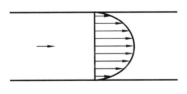

图 4-6　流速分布示意图

4. 实验结束操作

（1）首先关闭红墨水流量调节夹 2，让红墨水停止流动。

（2）关闭进水阀 3，使自来水停止流入水槽 4。

（3）待测试管道 5 中红色消失时，关闭流量调节阀 9。

（4）将管道和水槽内的各处余水排放干净。

 实验注意事项

层流流动时,为了使层流状况较快形成并保持稳定,请注意以下几点:第一,水槽溢流量尽可能小,这是因为溢流量过大,进水量也大,进水和溢流两者造成的震动都比较大,会影响实验结果;第二,不要人为地使实验架产生震动,为了减小震动,保证实验效果,可对实验架底面进行固定。

4.6 实验报告

（1）观察和记录在不同流量下管内红墨水流束的流动型态。

（2）根据流量数据计算流速与相应的雷诺准数,记录在表 4-1 中,并与观察到的流动型态进行对比验证。

表 4-1　雷诺实验数据及现象记录表

序号	流量 /(L/h)	流量 /(m³/s)	流速 /(m/s)	雷诺准数 Re	观察现象	流动型态
1	60					
2	80					
3	100					
4	120					
5	140					
6	160					
7	180					

 思考题

雷诺准数的影响因素有哪些?本实验装置中雷诺准数是通过改变什么参数来改变的?请思考利弊。

第 5 章

能量转换实验（伯努利方程）

5.1 实 验 目 的

（1）观察流体在管内流动时静压能、动能、势能之间的转换关系，加深对伯努利方程的理解。

（2）通过能量之间的变化了解流体在管内流动时其流体阻力的表现形式。

（3）观察当流体流道扩大和收缩时，各截面上静压头的变化过程，并进行分析讨论。

（4）对实验得到的压头数据进行分析，讨论和解释流体在不同管路中的压头变化。

5.2 实 验 原 理

在实验管路中沿管内水流方向取 n 个过水断面，运用不可压缩流体的稳定流动的伯努利方程，可以列出进口附近断面 1 至另一缓变流断面 i 的伯努利方程：

$$z_1+\frac{p_1}{\rho g}+\frac{u_1^2}{2g}=z_i+\frac{p_i}{\rho g}+\frac{u_i^2}{2g}+H_{f,1-i}$$

其中 $i=2,3,\cdots,n$。

选好基准面，从断面处安装的静压测管中读出测管位压头和静压头之和 $z+\dfrac{p}{\rho g}$ 的值；通过测量管路的流量，计算出各断面的平均流速 u 和 $\dfrac{u^2}{2g}$ 的值，最后即可得到各断面的总压头 $z+\dfrac{p}{\rho g}+\dfrac{u^2}{2g}$ 的值。

5.3 实 验 装 置

1. 实验装置简介

能量转换实验装置主要由高位槽、测试管路、溢流管、离心泵、玻璃管压差计、转子流量计和阀门组成,如图 5-1 所示,其中测试管路上的测压点如图 5-2 所示。

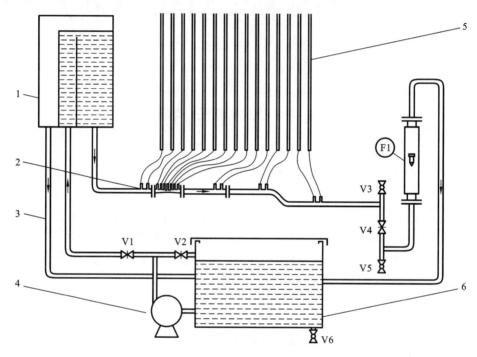

图 5-1　能量转换实验装置示意图

1—高位槽;2—测试管路;3—溢流管;4—离心泵;5—玻璃管压差计;6—水箱;
F1—转子流量计;V1、V2、V3、V4、V5、V6—阀门

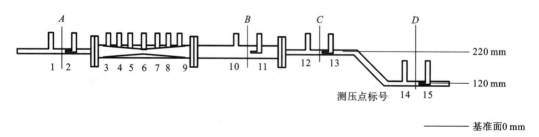

图 5-2　测试管管路图

2. 实验设备主要技术参数

能量转换实验设备的主要技术参数如表 5-1 所示。

表 5-1 能量转换实验设备主要技术参数

序号	名称	规格(尺寸)	材料
1	主体设备离心泵	型号：WB 50/025	不锈钢
2	水箱	880 mm×370 mm×550 mm	不锈钢
3	高位槽	445 mm×445 mm×730 mm	有机玻璃

A 截面的直径为 14 mm；B 截面的直径为 28 mm；

C、D 截面的直径为 14 mm；以标尺的零刻度为零基准面；

D 截面中心距基准面为 $z_D = 120$ mm；

A 截面和 D 截面之间的距离为 100 mm；

A、B、C 截面中心距基准面为 $z_A = z_B = z_C = 220$ mm。

5.4 实验操作步骤

(1) 将水箱加满水,关闭离心泵出口上水阀 V1、旁路调节阀 V2、实验测试管出口流量调节阀 V4、排气阀 V3、排水阀 V5,启动离心泵 4。

(2) 逐步开大离心泵出口上水阀 V1,当高位槽溢流管有液体溢流后,观察测压管内是否有气泡。如果无气泡,玻璃管压差计 5 在流量为零时,液面应该是相平的;如果管路中存有气泡,可用洗耳球赶走气泡。

(3) 注意调整 2、11、13、15 号管的测压孔,使其正对水流方向,测试的是冲压头,为静压头与动压头之和;而其他管的测压孔平行于水流方向,可测试静压头。调节转子流量计 F1 的读数,分别为 400 L/h、500 L/h、600 L/h,每次待调整读数稳定后,记录玻璃管压差计 5 对应不同截面管的高度数据。

(4) 选择不同截面静压头和冲压头进行分析比较,讨论流体流过不同位置处的能量转换关系,并得出结论。

(5) 关闭离心泵出口上水阀 V1,关闭离心泵,结束实验。

 实验注意事项

(1) 离心泵出口上水阀请勿开得过大,防止水流冲击到高位槽外面,实验过程保持高位槽液面稳定。

（2）水流量增大时，应检查一下高位槽内水面是否稳定，当水面下降时要适当开大上水阀补充水量。

（3）水流量调节阀调小时要缓慢，以免造成流量突然下降使测压管中的水溢出管外。

（4）注意排除实验管内的气泡。

5.5 实验报告

（1）记录流量分别为 400 L/h、500 L/h、600 L/h 的实验数据于表 5-2，并绘制在这三个流量下的压差计 5 在不同截面的高度示意图，选择不同截面作静压头和冲压头进行分析和比较。

（2）本实验测量段 3～9 为文丘里管路。3～6 的横截面积依次减小，6～9 的横截面积依次增大，分析 3～6，6～9 截面压头的变化趋势和原因。

（3）测定管中水的平均流速和点 C、D 处的点流速，并做比较。

表 5-2　能量转换实验数据记录表

截面号	名称	流量					
		600 L/h		500 L/h		400 L/h	
		压强测量值 /mmH$_2$O	压头 /mmH$_2$O	压强测量值 /mmH$_2$O	压头 /mmH$_2$O	压强测量值 /mmH$_2$O	压头 /mmH$_2$O
1	静压头＋位压头						
2	冲压头＋位压头						
3	静压头＋位压头						
4	静压头＋位压头						
5	静压头＋位压头						
6	静压头＋位压头						
7	静压头＋位压头						
8	静压头＋位压头						
9	静压头＋位压头						
10	静压头＋位压头						
11	冲压头＋位压头						
12	静压头＋位压头						
13	冲压头＋位压头						
14	静压头＋位压头						
15	冲压头＋位压头						

思考题

（1）进行系统排气工作时，是否能关闭系统出口阀？

（2）截面 3 和 6 的压头变化是怎样的趋势？请解释原因。

（3）请比较截面 10 和 15 的压头大小，并解释原因。

附录　实验数据分析举例

下面以表 5-3 中流量为 600 L/h 的数据为例,对冲压头、静压头和压头损失进行分析。

表 5-3　能量转换实验数据表

截面号	名称	流量					
		600 L/h		500 L/h		400 L/h	
		压强测量值 /mmH$_2$O	压头 /mmH$_2$O	压强测量值 /mmH$_2$O	压头 /mmH$_2$O	压强测量值 /mmH$_2$O	压头 /mmH$_2$O
1	静压头＋位压头	894	894	921	921	943	943
2	冲压头＋位压头	930	930	947	947	961	961
3	静压头＋位压头	885	885	915	915	946	946
4	静压头＋位压头	875	875	897	897	840	840
5	静压头＋位压头	830	830	874	874	919	919
6	静压头＋位压头	648	648	746	746	842	842
7	静压头＋位压头	715	715	785	785	858	858
8	静压头＋位压头	780	780	841	841	896	896
9	静压头＋位压头	804	804	858	858	907	907
10	静压头＋位压头	817	817	865	865	910	910
11	冲压头＋位压头	825	825	871	871	915	915
12	静压头＋位压头	772	772	834	834	892	892
13	冲压头＋位压头	820	820	866	866	913	913
14	静压头＋位压头	747	747	817	817	879	879
15	冲压头＋位压头	779	779	837	837	893	893

1. 冲压头分析

冲压头为静压头与动压头之和。实验中观测到从测压点 2 至 11 截面上的冲压头依次下降,这符合下式所示的从截面 2 流至截面 11 的伯努利方程:

$$\frac{p_2}{\rho g}+\frac{u_2^2}{2g}=\frac{p_{11}}{\rho g}+\frac{u_{11}^2}{2g}+H_{\mathrm{f},2-11}$$

$$H_{\mathrm{f},2-11}=\left(\frac{p_2}{\rho g}+\frac{u_2^2}{2g}\right)-\left(\frac{p_{11}}{\rho g}+\frac{u_{11}^2}{2g}\right)=(930-220)-(825-220)=105(\mathrm{mmH_2O})$$

2. 截面间静压头分析(同一水平面处静压头变化)

截面 1 与 10 处于同一水平位置,截面 1 的直径为 14 mm;截面 10 的直径为 28 mm,管截面面积 $A_{10}>A_1$,因此 $u_{10}<u_1$。设流体从截面 1 流到 截面 10 的压头损失为 $H_{f,1-10}$,在截面 1 和 10 之间列伯努利方程,得

$$\frac{p_1}{\rho g}+\frac{u_1^2}{2g}=\frac{p_{10}}{\rho g}+\frac{u_{10}^2}{2g}+H_{f,1-10}, \quad z_1=z_{10}$$

$$\frac{p_{10}}{\rho g}-\frac{p_1}{\rho g}=\left(\frac{u_1^2}{2g}-\frac{u_{10}^2}{2g}\right)-H_{f,1-10}$$

即从截面 1 到截面 10 的静压头的增值取决于动压头的减少值和两截面间的压头损失的大小。

截面 1 处的静压头为

$$894-220=674 \ (\mathrm{mmH_2O})$$

截面 10 处的静压头为

$$817-220=597 \ (\mathrm{mmH_2O})$$

可见,$p_1>p_{10}$,静压头增值为负,即 $\dfrac{u_1^2}{2g}-\dfrac{u_{10}^2}{2g}<H_{f,1-10}$。

3. 截面间静压头分析(不同水平面处静压头变化)

现分析不同水平面处静压头的变化,对于截面 12 至 14,当出口流量为 600 L/h 时,截面 12 处和 14 处的静压头分别为 $772-220=552 \ (\mathrm{mmH_2O})$ 和 $747-120=627$ $(\mathrm{mmH_2O})$,流体从截面 12 流到截面 14,静压头增加了 $627-552=75 \ (\mathrm{mmH_2O})$。由于截面 12、14 处的截面积相同,动能也相同。在截面 12 和 14 之间列伯努利方程,得

$$\frac{p_{14}}{\rho g}-\frac{p_{12}}{\rho g}=(z_{12}-z_{14})-H_{f,12-14}$$

可以看出,从截面 12 到 14 的静压头的增值取决于 $z_{12}-z_{14}$ 和 $H_{f,12-14}$ 的大小。$z_{12}-z_{14}>H_{f,12-14}$,静压头增值为正。

4. 压头损失的计算

对 C、D 两截面之间列伯努利方程,得

$$\frac{p_C}{\rho g}+\frac{u_C^2}{2g}+z_C=\frac{p_D}{\rho g}+\frac{u_D^2}{2g}+z_D+H_{f,C-D}$$

压头损失的算法之一是用冲压头来计算:

$$H_{f,C-D}=\left[\left(\frac{p_C}{\rho g}+\frac{u_C^2}{2g}\right)-\left(\frac{p_D}{\rho g}+\frac{u_D^2}{2g}\right)\right]+(z_C-z_D)$$

$$=(820-779)+(220-120)$$

$$=141 \ (\mathrm{mmH_2O})$$

压头损失的算法之二是用静压头来计算（$u_C = u_D$）：

$$H_{f,C-D} = \left(\frac{p_C}{\rho g} - \frac{p_D}{\rho g} \right) + (z_C - z_D)$$

$$= (772 - 747) + (220 - 120)$$

$$= 125 \ (\text{mmH}_2\text{O})$$

两种计算方法所得结果基本一致。

根据前面三个流量在不同截面下的压差计读数绘制柱状图，如图 5-3 所示。

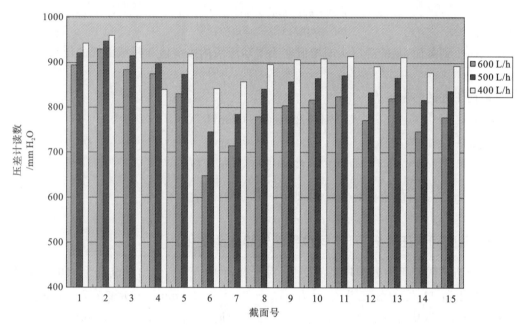

图 5-3　三个流量下的压差计读数示意图

第 6 章

流体力学综合实验

6.1 实 验 目 的

(1) 掌握直管摩擦阻力损失 h_f、直管摩擦阻力系数 λ 的测定方法。

(2) 掌握量纲分析法指导下的直管摩擦阻力系数 λ 与雷诺准数 Re、相对粗糙度之间的关系实验研究方法及数据处理方法。

(3) 掌握局部摩擦阻力损失 h'_f、局部阻力系数 ζ 的测定方法。

(4) 认识和掌握几种不同的压强差和流量测试方法。

6.2 实 验 原 理

1. 直管摩擦阻力系数 λ 与雷诺准数 Re 的关系

由量纲分析法可得直管的摩擦阻力系数是 Re 和相对粗糙度 ε/d 的函数，即 $\lambda = f(Re, \varepsilon/d)$，当相对粗糙度一定时，$\lambda = f(Re)$。

流体在一定长度的等径水平圆管内流动时，由伯努利方程可得直管摩擦阻力损失为

$$h_f = \frac{p_1 - p_2}{\rho} = \frac{\Delta p_f}{\rho} \tag{6-1}$$

式中，p_1，p_2 为 1、2 两截面处的压强。

又由范宁公式可得

$$h_{\mathrm{f}}=\frac{\Delta p_{\mathrm{f}}}{\rho}=\lambda\frac{l}{d}\frac{u^2}{2} \tag{6-2}$$

联立式(6-1)和式(6-2)可得

$$\lambda=\frac{2d}{\rho l}\cdot\frac{\Delta p_{\mathrm{f}}}{u^2} \tag{6-3}$$

雷诺准数可用下式计算：

$$Re=\frac{du\rho}{\mu} \tag{6-4}$$

式中：d——管径，m；

Δp_{f}——直管阻力引起的压强降，Pa；

l——管长，m；

u——流速，m/s；

ρ——流体密度，kg/m³；

μ——流体黏度，Pa·s。

在实验装置中，直管管长 l 和管径 d 已确定。若水温一定，则水的密度 ρ 与黏度 μ 也是定值。因此通过改变管道流速 u，测定直管阻力引起的压强降 Δp_{f}，根据式(6-3)可计算出在不同流速 u 下的直管摩擦系数 λ，再用式(6-4)计算对应的雷诺准数 Re，即可得到 λ 与 Re 的关系曲线。

2. 局部阻力系数 ζ 的测定

局部摩擦阻力损失求解公式为

$$h'_{\mathrm{f}}=\frac{\Delta p'_{\mathrm{f}}}{\rho}=\zeta\frac{u^2}{2}$$

$$\zeta=\frac{2}{\rho}\cdot\frac{\Delta p'_{\mathrm{f}}}{u^2}$$

式中：ζ——局部阻力系数，无因次；

$\Delta p'_{\mathrm{f}}$——局部阻力引起的压强降，Pa；

h'_{f}——局部摩擦阻力损失，J/kg。

局部阻力引起的压强降 $\Delta p'_{\mathrm{f}}$ 可用下面方法测量：在一条等径的直管段上安装一阀门，测试通过该阀门引起的压强降 $\Delta p'_{\mathrm{f}}$，在阀门上、下游各开两对测压口 a、a' 和 b、b'（见图 6-1），使 $ab=bc$，$a'b'=b'c'$，则

$$\Delta p_{\mathrm{f},ab}=\Delta p_{\mathrm{f},bc}, \quad \Delta p_{\mathrm{f},a'b'}=\Delta p_{\mathrm{f},b'c'}$$

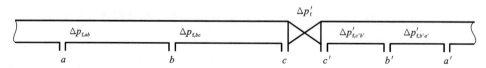

图 6-1　局部阻力测量取压口布置图

在 a 与 a' 之间列伯努利方程式:

$$p_a - p_{a'} = 2\Delta p_{f,ab} + 2\Delta p_{f,a'b'} + \Delta p'_f \tag{6-5}$$

在 b 与 b' 之间列伯努利方程式:

$$p_b - p_{b'} = \Delta p_{f,bc} + \Delta p_{f,b'c'} + \Delta p'_f = \Delta p_{f,ab} + \Delta p_{f,a'b'} + \Delta p'_f \tag{6-6}$$

联立式(6-5)和式(6-6)得

$$\Delta p'_f = 2(p_b - p_{b'}) - (p_a - p_{a'})$$

为了实验方便,称 $p_b - p_{b'}$ 为近点压差,称 $p_a - p_{a'}$ 为远点压差。它们的数值用压差传感器或 U 形管压差计来测量。

3. 文丘里流量计性能的测定

流体通过文丘里流量计时在上、下游两取压口之间产生压强差,它与流量的关系为

$$Q = C_0 A_0 \sqrt{\frac{2(p_上 - p_下)}{\rho}} \tag{6-7}$$

式中: Q——被测流体(水)的体积流量,m^3/s;

$\quad C_0$——流量系数,无因次;

$\quad A_0$——流量计节流孔截面积,m^2;

$\quad p_上 - p_下$——流量计上、下游两取压口之间的压强差,Pa;

$\quad \rho$——被测流体(水)的密度,kg/m^3。

用涡轮流量计作为标准流量计来测量被测流体的体积流量 Q,压差计测试上、下游两取压口之间的压强差,通过改变不同的流量,可得到 Δp-Q 之间的关系曲线,即流量标定曲线。同时,利用式(6-7)整理数据可进一步得到 C_0-Re 之间的关系曲线。

6.3　实　验　装　置

1. 实验装置简介

流体力学综合实验装置主要由水箱、离心泵、阀门、待测管件(光滑管、粗糙管)、流量计和压差传感器等组成(见图 6-2),管路有三段并联长直管,自上而下分别用于测定光滑管、粗糙管的直管阻力系数和局部阻力阀的局部阻力系数。流体力学综合实验虚拟仿真画面如图 6-3 所示。

下面对流体力学实验装置的流程介绍如下:

(1)测量流体阻力

离心泵 2 将水箱 1 中的水泵入实验管路,根据流量大小分别由玻璃转子流量计 22 或 23 测量流量,然后送入被测直管段,测量流体流动阻力损失,经回流管流回水箱 1。

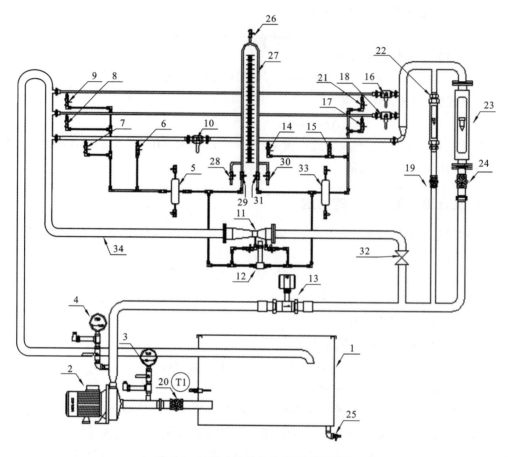

图 6-2　流体力学综合实验装置示意图

1—水箱；2—离心泵；3—入口真空表和传感器；4—出口压力表和传感器；5、33—缓冲罐；

6、14—局部阻力近端阀；7、15—局部阻力远端阀；8、17—粗糙管测压阀；9、21—光滑管测压阀；

10—局部阻力阀；11—文丘里流量计(孔板流量计)；12—压差传感器；13—涡轮流量计；16—光滑管阀；

18—粗糙管阀；19—小转子流量计阀门；20—离心泵入口阀门；22—小转子流量计；23—大转子流量计；

24—大转子流量计阀门；25—水箱放水阀；26—倒 U 形管放空阀；27—倒 U 形管；

28、30—倒 U 形管排水阀；29、31—倒 U 形管平衡阀；32—流量调节阀；34—实验管路

被测直管段压强差 Δp 可根据其数值大小分别由压差传感器 12 或倒 U 形管 27 来测量。

（2）文丘里流量计、离心泵性能测定

离心泵 2 将水箱 1 中的水输送到实验装置，流体经涡轮流量计 13 计量，用流量调节阀 32 调节流量，回到水箱 1。测量文丘里流量计 11 两端的压差和流量值。

2. 实验装置主要技术参数

流体力学实验装置的主要技术参数如表 6-1 所示。

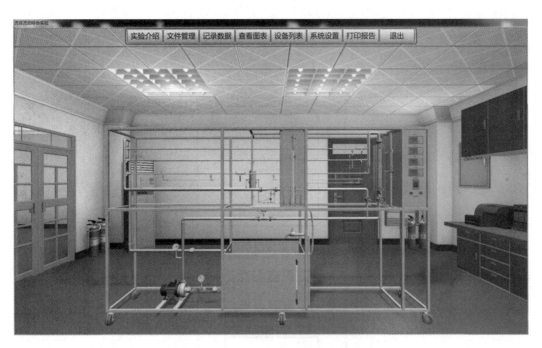

实验介绍 文件管理 记录数据 查看图表 设备列表 系统设置 打印报告 退出

图 6-3 流体力学综合实验虚拟仿真画面

表 6-1 实验设备主要技术参数

序号	名称	规格	材料
1	玻璃转子流量计	LZB-25,100~1000 L/h VA10-15F,10~100 L/h	
2	入口压力传感器	−0.1~0 MPa	
3	出口压力传感器	0~0.5 MPa	
4	压差传感器	型号为 LXWY,测量范围为 0~200 kPa	不锈钢
5	离心泵	型号为 WB70/055	不锈钢
6	文丘里流量计	喉径 $d_0=0.020$ m	不锈钢
7	实验管路	管径 $d=0.043$ m	不锈钢
8	真空表	测量范围为 −0.1~0 MPa,精度为 1.5 级, 真空表测压位置管内径 $d_1=0.028$ m	
9	压力表	测量范围为 0~0.5 MPa,精度为 1.5 级, 压强表测压位置管内径 $d_2=0.042$ m	
10	涡轮流量计	型号为 LWY-40,测量范围为 0~20 m^3/h	
11	变频器	型号为 E310-401-H3,频率为 0~50 Hz	
12	光滑管	管径为 0.008 m,管长为 1.70 m	
13	粗糙管	管径为 0.010 m,管长为 1.70 m	

注:真空表与压力表测压口之间的垂直距离为 0.25 m。

3．实验仪表面板

流体力学综合实验仪表面板如图 6-4 所示。

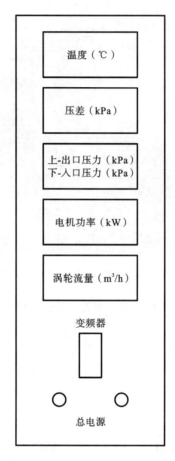

图 6-4　流体力学综合实验仪表面板图

6.4　实验操作步骤

下面分别介绍光滑管流体阻力、粗糙管流体阻力、局部阻力和文丘里流量计性能的测定步骤。

1．光滑管流体阻力测定

（1）向水箱 1 中注水至超过 50％为止（注意水不要注满）。

（2）打开电源，启动离心泵 2。

（3）关闭所有阀门,打开光滑管测压管处阀门 9、21以及光滑管实验段处总阀门 16,打开缓冲罐 5、33 顶阀,打开大流量调节阀 24。

（4）观察当缓冲罐有液体溢出时,关闭缓冲罐 5、33顶阀。管路赶气操作完成。

（5）关闭大转子流量计阀门 24,打开通向倒 U 形管 27 的平衡阀 29、31,检查导压管内是否有气泡存在。

（6）若倒 U 形管 27 内的液柱高度差不为零,则表明导压管内存在气泡,需要进行赶气泡操作。

导压系统示意图如图 6-5 所示,赶气泡操作方法说明如下:

加大流量,打开倒 U 形管平衡阀 29、31,使倒 U 形管内液体充分流动,以赶出管路内的气泡;若观察气泡已被赶净,将大转子流量计阀门 24 关闭,倒 U 形管平衡阀 29、31 关闭,慢慢旋开倒 U 形管上部的放空阀 26后,分别缓慢打开倒 U 形管排水阀 28、30,使液柱降至中点上下时马上关闭,管内形成气-水柱,此时管内液柱高度差不一定为零。然后关闭放空阀 26,打开倒 U 形管平衡阀 29、31,此时倒 U 形管两液柱的高度差应为零（1～2 mm 的高度差可以忽略）,如不为零则表明管路中仍有气泡存在,需要重复进行赶气泡操作。

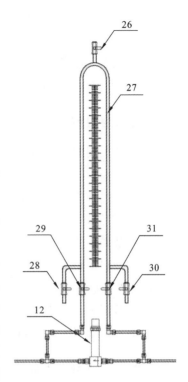

图 6-5　导压系统示意图

12—压差传感器;26—倒 U 形管放空阀;
27—倒 U 形管;28、30—倒 U 形管排水阀;
29、31—倒 U 形管平衡阀

（7）该装置采用两个转子流量计并联连接,需根据流量大小选择不同量程的流量计测量流量,流量介于 10～100 L/h 时,选用小转子流量计 22 测量流量,被测直管段压强差 Δp 用倒 U 形管压差计 27 测量;流量介于 100～1000 L/h 时,选用大转子流量计 23测量流量,被测直管段压强差 Δp 用压差传感器 12 测量。在最小流量和最大流量 10～1000 L/h 之间分配流量,测取 15～20 组数据。（注:在测大流量的压差时应关闭倒 U 形管的平衡阀 29、31,防止水利用倒 U 形管形成回路影响实验数据）

（8）每次改变流量后,待流体达到稳定后,再记录数据。

2. 粗糙管流体阻力测定

（1）检查关闭光滑管的测压管的阀门 9、21,以及光滑管实验段处总阀门 16。打开粗糙管测压阀 8、17 与粗糙管实验段处总阀门 18,打开缓冲罐 5、33 顶阀,打开大转子流量计阀门 24。

（2）观察到缓冲罐有液体溢出时,关闭缓冲罐 5、33 顶阀。管路赶气操作完成。

（3）关闭大转子流量计阀门 24,打开通向倒 U 形管的平衡阀 29、31,检查导压管内是否有气泡存在。若倒 U 形管内液柱高度差不为零,则表明导压管内存在气泡。需要进行赶气泡操作,其方法同前面的导压系统赶气泡操作。

(4) 在最大流量和最小流量 10～1000 L/h 之间分配流量,测取 15～20 组数据。

(5) 每次改变流量后,待流体达到稳定状态再记录数据;数据测量完毕,关闭大、小转子流量计阀门 19、24,关闭粗糙管路阀门 8、17、18,停泵,关闭电源。

3. 局部阻力测定

(1) 检查关闭光滑管和粗糙管测压管阀 8、9、17、21 和实验段总阀门 16、18,打开局部阻力阀 10。

(2) 打开局部管路近端阀 6、14,打开缓冲罐 5、33 顶阀,打开大流量调节阀 24,同上进行管路赶气泡操作。

(3) 调节转子流量计的大小,测量 10～15 组数据。

(4) 打开局部阻力近端阀 6、14,读取近端压差,之后关闭,再打开局部阻力远端阀 7、15,读取远端压差。

(5) 待数据测量完毕,关闭大转子流量计阀门 24,关闭局部阻力阀 10。

(6) 关闭局部阻力远端阀 7、15,停泵,关闭电源。

4. 文丘里流量计性能测定

(1) 向水箱中注水至超过 50% 为止(注意水不要注满)。

(2) 检查流量调节阀 32,压力表 4 的开关及真空表 3 的开关是否关闭(应关闭)。

(3) 打开电源,启动离心泵。

(4) 打开压差传感器 12 的左阀和右阀,缓慢打开流量调节阀 32 至全开。待系统内流体稳定,打开压力表和真空表的开关,方可测取数据。

(5) 用流量调节阀 32 调节流量,使流量从零变化至最大或使流量从最大变化到零,测取 10～15 组数据,同时记录涡轮流量计流量、文丘里流量计的压差,并记录水温。

(6) 实验结束后,关闭流量调节阀 32 和压差传感器 12 的左阀与右阀,关闭压力表和真空表,停泵,关闭电源。

虚拟仿真实验步骤与实体实验步骤相同,虚拟仿真离心泵操作说明如下:

RUN STOP 为泵的启停按钮。离心泵的频率设定方法为:泵启动的状态下,按 < RESET 按钮,面板上显示的数值会从最后一位开始闪烁,继续按下按钮,闪烁位数前移,如果想改变当前闪烁数值的值,通过 ▲ 和 ▼ 改变数值大小,设定好后,按 READ ENTER,会自动调节至设定的数值。

 实验注意事项

(1) 启动离心泵和从光滑管阻力测量过渡到其他测量之前,都必须检查所有流量调节阀是否关闭。

（2）实验过程中每调节一个流量后应等待流量和压差的数据稳定后方可记录数据。

（3）若较长时间未使用该装置，启动离心泵时应先盘轴，以免烧坏电机。

（4）使用变频调速器时一定注意 FWD 指示灯亮，切忌按 REV 键，REV 指示灯亮时电机反转。

（5）启动和关闭离心泵之前，都必须关闭流量调节阀，关闭压力表和真空表的开关，以免损坏测量仪表。

6.5　实 验 报 告

（1）通过实验数据计算不同流量下的雷诺准数、直管摩擦阻力系数 λ 及局部阻力系数 ζ。

（2）根据光滑管和粗糙管的实验结果，在双对数坐标上分别绘制出 $\lambda\text{-}Re$ 的关系曲线。

（3）根据局部阻力的实验结果，分析局部阻力系数 ζ 随雷诺准数 Re 的变化情况。

 思考题

以水做介质所测得的 $\lambda\text{-}Re$ 关系能否适用于其他流体？如何应用？

附录 实验数据分析举例

根据实验报告的要求,我们分别得出了表 6-2 至表 6-5 的实验数据,下面分别选取表中的一组数据对其进行分析。

1. 光滑管小流量数据

下面由表 6-2 第 13 组数据为例:

表 6-2 直管阻力测定实验数据记录表(光滑管)

温度 t	20.2 ℃		时间	年 月 日	
密度 ρ	998.2 kg/m³		黏度 μ	1×10^{-3} Pa·s	
管长 l	1.700 m		管径 d	0.008 m	
序号	流量 V_s /(L/h)	直管压差 Δp		Δp/Pa	流速 u /(m/s)	Re	λ
		/kPa	/mmH₂O				
1	1000	72.3	—	72300	5.53	44160	0.022
2	900	59.3	—	59300	4.98	39768	0.022
3	800	48.2	—	48200	4.42	35296	0.023
4	700	38.7	—	38700	3.87	30904	0.024
5	600	29.6	—	29600	3.32	26512	0.025
6	500	21.3	—	21300	2.76	22040	0.026
7	400	14.8	—	14800	2.21	17648	0.029
8	300	9.1	—	9100	1.66	13256	0.031
9	200	4.5	—	4500	1.11	8864	0.034
10	100	1.6	—	1600	0.55	4392	0.050
11	90	—	117	1145	0.50	3993	0.043
12	80	—	94	920	0.44	3513	0.045
13	70	—	73	715	0.39	3114	0.044
14	60	—	58	568	0.33	2635	0.049
15	50	—	39	382	0.28	2235	0.046
16	40	—	24	235	0.22	1757	0.046
17	30	—	14	137	0.17	1357	0.045
18	20	—	9	88	0.11	878	0.069
19	10	—	4	39	0.06	479	0.102

流量 $V_s = 70$（L/h），压差 $\Delta p = 73$（mmH$_2$O），实验水温 $t = 20.2$ ℃；在 20.2 ℃下查得水的黏度 $\mu \approx 1 \times 10^{-3}$（Pa·s），密度 $\rho = 998.2$（kg/m^3）。

管内流速：

$$u = \frac{V_s}{\frac{\pi}{4} d^2} = \frac{70/(3600 \times 1000)}{(\pi/4) \times 0.008^2} = 0.39 \text{（m/s）}$$

阻力压降：

$$\Delta p_f = \rho g h = 998.2 \times 9.81 \times 73/1000 = 715 \text{（Pa）}$$

雷诺准数：

$$Re = \frac{du\rho}{\mu} = \frac{0.008 \times 0.39 \times 998.2}{1 \times 10^{-3}} = 3114$$

直管摩擦阻力系数：

$$\lambda = \frac{2d}{\rho l} \cdot \frac{\Delta p_f}{u^2} = \frac{2 \times 0.008}{998.2 \times 1.70} \times \frac{715}{0.39^2} = 0.044$$

2. 粗糙管大流量数据

下面由表 6-3 第 8 组数据为例：

表 6-3　直管阻力测定实验数据记录表（粗糙管）

温度 t	20.2 ℃		时间	年　月　日		
密度 ρ	998.2 kg/m^3		黏度 μ	1×10^{-3} Pa·s		
管长 l	1.700 m		管径 d	0.01 m		
序号	流量 V_s /(L/h)	直管压差 Δp		Δp/Pa	流速 u /(m/s)	Re	λ
		/kPa	/mmH$_2$O				
1	1000	141.7	—	141700	3.54	35336	0.13
2	900	118.5	—	118500	3.18	31743	0.14
3	800	98.5	—	98500	2.83	28249	0.15
4	700	79.5	—	79500	2.48	24755	0.15
5	600	60.3	—	60300	2.12	21162	0.16
6	500	44.1	—	44100	1.77	17668	0.17
7	400	30.9	—	30900	1.42	14174	0.18
8	300	19.8	—	19800	1.06	10581	0.21
9	200	10.1	—	10100	0.71	7087	0.24
10	100	3.5	—	3500	0.35	3494	0.34
11	90	—	272	2663	0.32	3194	0.31
12	80	—	225	2203	0.28	2795	0.33
13	70	—	179	1753	0.25	2496	0.33
14	60	—	142	1391	0.21	2096	0.37

续表

温度 t	20.2 ℃		时间		年　月　日	
密度 ρ	998.2 kg/m³		黏度 μ		1×10^{-3} Pa·s	
管长 l	1.700 m		管径 d		0.01 m	
序号	流量 V_s /(L/h)	直管压差 Δp		Δp/Pa	流速 u /(m/s)	Re	λ
		/kPa	/mmH₂O				
15	50	—	105	1028	0.18	1797	0.37
16	40	—	77	754	0.14	1397	0.45
17	30	—	50	490	0.11	1098	0.48
18	20	—	27	264	0.07	699	0.64
19	10	—	12	118	0.04	399	0.87

流量 $V_s=300$（L/h），压差 $\Delta p=19.8$（kPa），实验水温 $t=20.2$ ℃，水的黏度 $\mu=1\times10^{-3}$（Pa·s），密度 $\rho=998.2$（kg/m³）。

管内流速：

$$u=\frac{V_s}{\frac{\pi}{4}d^2}=\frac{300/(3600\times1000)}{(\pi/4)\times0.01^2}=1.06 \text{（m/s）}$$

阻力降：

$$\Delta p_f=19.8\times1000=19800 \text{（Pa）}$$

雷诺准数：

$$Re=\frac{du\rho}{\mu}=\frac{0.01\times1.06\times998.2}{1\times10^{-3}}=10581$$

直管摩擦阻力系数：

$$\lambda=\frac{2d}{\rho l}\cdot\frac{\Delta p_f}{u^2}=\frac{2\times0.01}{998.2\times1.70}\times\frac{19800}{1.06^2}=0.21$$

3. 局部阻力实验数据

下面以表 6-4 第 1 组数据为例：

表 6-4　局部阻力测定实验数据表

序号	流量 V_s /(L/h)	近点压差 (p_b-p_b')/kPa	远点压差 (p_a-p_a')/kPa	流速 u /(m/s)	局部阻力 $\Delta p_f'$/Pa	局部阻力系数 ζ
1	800	38	38.2	0.708	37800	151.1
2	600	20.4	20.7	0.531	20100	149.2

流量 $V_s = 800(L/h)$，近点压差 $p_b - p_{b'} = 38$ （kPa），远点压差 $p_a - p_{a'} = 38.2$ （kPa）。

管内流速：

$$u = \frac{V_s}{\frac{\pi}{4}d^2} = \frac{800/(3600 \times 1000)}{(\pi/4) \times 0.02^2} = 0.708 \ (m/s)$$

局部阻力：

$$\Delta p'_f = 2(p_b - p_{b'}) - (p_a - p_{a'}) = (2 \times 38 - 38.2) \times 1000 = 37800 \ (Pa)$$

局部阻力系数：

$$\zeta = \frac{2}{\rho} \cdot \frac{\Delta p'_f}{u^2} = \frac{2}{998.2} \times \frac{37800}{0.708^2} = 151.1$$

4. 文丘里流量计性能测定

以表 6-5 第 5 组数据为例：

表 6-5　文丘里流量计性能测定实验数据表

液体温度 t	20.2 ℃		喉径 d_0		0.002 m	
液体密度 ρ	998.2 kg/m³		管径 d		0.043 m	
序号	文丘里流量计 /kPa	文丘里流量计 /Pa	流量 Q /(m³/h)	流速 u /(m/s)	Re	C_0
1	55.2	55200	11.12	2.128	91339	0.94
2	43.4	43400	9.95	1.904	81725	0.94
3	34.7	34700	8.88	1.699	72925	0.94
4	26.2	26200	7.70	1.474	63268	0.94
5	18.7	18700	6.53	1.250	53653	0.94
6	10.9	10900	4.95	0.947	40647	0.94
7	4.6	4600	3.34	0.639	27427	0.97
8	0.1	100	0	0.000	0	0.000

流量 $Q = 6.53$ （m³/h），流量计压差 $\Delta p = 18.7$ （kPa），水温 $t = 20.2$ ℃；黏度 $\mu = 1 \times 10^{-3}$（Pa·s），密度 $\rho = 998.2$（kg/m³）。

$$u = \frac{Q}{\frac{\pi}{4}d^2} = \frac{6.53/3600}{\frac{\pi}{4} \times 0.043^2} = 1.25 \ (m/s)$$

$$Re = \frac{du\rho}{\mu} = \frac{0.043 \times 1.25 \times 998.2}{1 \times 10^{-3}} = 53653$$

文丘里流量计喉径 $d_0 = 0.02$ m，其横截面积为

$$A_0 = \frac{\pi}{4}d_0^2 = \frac{\pi}{4} \times 0.02^2 = 0.000314 \ (\text{m}^2)$$

由 $Q = C_0 A_0 \sqrt{\dfrac{2\Delta p}{\rho}}$ 得

$$C_0 = \frac{Q}{A_0 \sqrt{\dfrac{2\Delta p}{\rho}}} = \frac{6.53/3600}{0.000314 \times \sqrt{\dfrac{2 \times 18.7 \times 1000}{998.2}}} = 0.94$$

第7章

离心泵性能测定实验

7.1 实 验 目 的

（1）熟悉离心泵的结构、工作原理及性能参数，掌握其操作方法。

（2）掌握离心泵特性曲线（H-Q 曲线、N-Q 曲线和 η-Q 曲线）和管路特性曲线的测定方法，并会确定最佳工作点。

（3）了解和掌握离心泵串、并联的使用方法，以及特性曲线的测定方法，观察离心泵实际运行过程，分析泵的工作情况。

（4）培养学生安全意识及敬业爱岗、严格遵守操作规程的职业道德和团队合作精神。

7.2 实 验 原 理

1. 离心泵特性曲线测定

离心泵是最常见的液体输送设备。在一定的型号和转速下，离心泵的压头 H、轴功率 N 及效率 η 均随流量 Q 而改变。通过实验测出 H-Q、N-Q 及 η-Q 关系，并用曲线表示之，称为特性曲线。特性曲线是确定泵的适宜操作条件和选用泵的重要依据。离心泵特性曲线的测定原理如下。

（1）H 的测定

在离心泵真空表与压力表测压口之间列伯努利方程：

$$z_\text{入} + \frac{p_\text{入}}{\rho g} + \frac{u_\text{入}^2}{2g} + H = z_\text{出} + \frac{p_\text{出}}{\rho g} + \frac{u_\text{入}^2}{2g} + H_{\text{f}, \text{入}-\text{出}} \qquad (7\text{-}1)$$

$$H=(z_出-z_入)+\frac{p_出-p_入}{\rho g}+\frac{u_出^2-u_入^2}{2g}+H_{f,入-出} \tag{7-2}$$

上式中 $H_{f,入-出}$ 是离心泵真空表与压力表测压口之间管路内的流体流动阻力,因为与伯努利方程中其他项比较,$H_{f,入-出}$ 值很小,故可忽略。

令 $\Delta z=z_出-z_入$,Δz 为离心泵真空表与压力表测压口高度差,于是式(7-2)变为

$$H=\Delta z+\frac{p_出-p_入}{\rho g}+\frac{u_出^2-u_入^2}{2g} \tag{7-3}$$

将测得的 Δz 和 $p_出-p_入$ 的值以及计算所得的 $u_入$、$u_出$ 代入式(7-3),即可求得 H 值。

(2) N 的测定

功率表测得的功率为电动机的输入功率。由于泵由电动机直接带动,传动效率可视为 1,所以电动机的输出功率等于泵的轴功率。即:

泵的轴功率 $N=$ 电动机的输出功率,kW;

电动机输出功率 = 电动机输入功率×电动机效率;

泵的轴功率 = 功率表读数×电动机效率,kW。

(3) η 的测定

$$\eta=\frac{N_e}{N} \tag{7-4}$$

$$N_e=\frac{HQ\rho g}{1000}=\frac{HQ\rho}{102} \tag{7-5}$$

式中:η——泵的效率;

$\quad N$——泵的轴功率,kW;

$\quad N_e$——泵的有效功率,kW;

$\quad H$——泵的压头,m;

$\quad Q$——泵的流量,m^3/s;

$\quad \rho$——水的密度,kg/m^3。

2. 管路特性曲线

当离心泵安装在特定的管路系统中工作时,实际的工作压头和流量不仅与离心泵本身的性能有关,还与管路特性有关,也就是说,在液体输送过程中,泵和管路二者是相互制约的。

管路特性曲线是指流体流经管路系统的流量与所需压头之间的关系。若将泵的特性曲线与管路特性曲线画在同一坐标图上,两曲线交点即为泵的在该管路中的工作点。

3. 串、并联操作

在实际生产中,当单台离心泵不能满足输送任务要求时,可采用几台离心泵加以组合。离心泵的组合方式原则上有串联和并联两种。

并联操作:将两台型号相同的离心泵并联操作,各自的吸入管路相同,则两台泵的流量和压头必相同,也就是说,它们具有相同的管路特性曲线和单台泵的特性曲线。在同

一压头下,两台并联泵的流量等于单台泵的两倍,但由于流量增大使管路流动阻力增加,因此两台泵并联后的总流量必低于原单台泵流量的两倍。由此可见,并联的台数越多,流量增加得越少,所以三台泵以上的泵并联操作,一般无实际意义。

串联操作:将两台型号相同的泵串联工作时,每台泵的压头和流量也是相同的。因此,在同一流量下,串联泵的压头为单台泵的两倍,但实际操作中两台泵串联操作的总压头必低于单台泵压头的两倍。应当注意的是,串联操作时,最后一台泵所受的压力最大,如串联泵组台数过多,可能会导致最后一台泵因强度不够而受损坏。

7.3 实验装置

1. 实验装置简介

离心泵性能测定实验装置(见图 7-1)主要由水箱、离心泵、阀门、压力表、真空表、涡轮流量计、压力传感器和仪表面板组成。虚拟仿真画面见图 7-2。

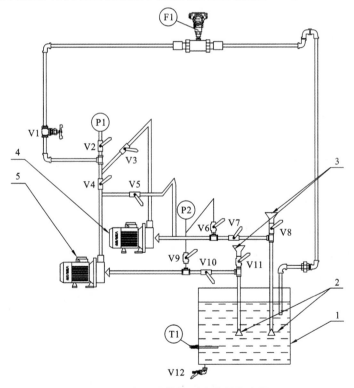

图 7-1 离心泵性能测定装置示意图

1—水箱;2—底阀;3—加水漏斗;4—离心泵Ⅰ;5—离心泵Ⅱ;F1—涡轮流量计;T1—温度计;

P1—离心泵出口压力表;P2—离心泵入口真空表;V1—流量调节阀;V2—压力表控制阀;

V6、V9—真空表控制阀;V3、V4、V5、V7、V10—阀门;V8、V11—灌水阀

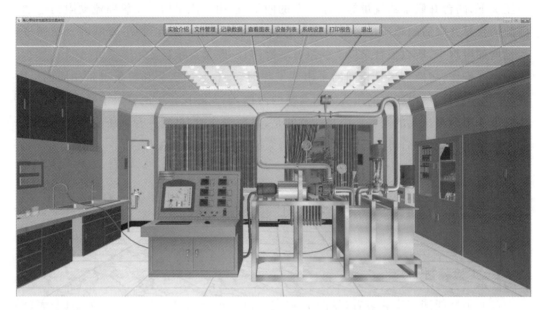

图 7-2　离心泵性能测定实验虚拟仿真画面

2. 实验设备主要技术参数

（1）设备参数如下：

离心泵的型号为 WB70/055；

真空表测压位置管内径 $d_{入}$＝0.042 m；

压力表测压位置管内径 $d_{出}$＝0.042 m；

真空表与压力表测压口之间的高度差 Δz＝0.47 m；

实验管径 d＝0.042 m；

电机效率为 60%。

（2）流量测量：涡轮流量计型号为 LWY-40C，量程为 2～20 m³/h，数字仪表显示。

（3）功率测量：功率表型号为 PS-139，精度为 1.0 级，数字仪表显示。

（4）泵入口真空度测量：真空表表盘直径为 100 mm，测量范围为 -0.1～0 MPa。

（5）泵出口压力的测量：压力表表盘直径为 100 mm，测量范围为 0～0.6 MPa。

（6）温度计：型号为 PT 100，数字仪表显示。

7.4　虚拟仿真实验操作步骤

离心泵特性曲线测定步骤如下：

（1）打开电源。

（2）向水箱内注水至超过 50% 为止。

（3）检查流量调节阀 V1、压力表控制阀 V2 及真空表控制阀 V6 是否关闭（应关闭）。

（4）点击漏斗灌水阀 V8 至水满，再次点击停止灌水，然后关闭灌水阀 V8，启动离心泵，缓慢打开电动流量调节阀 V1 至全开。

（5）待系统内流体稳定，打开压力表控制阀 V2 和真空表控制阀 V6，方可测取数据。

（6）控制柜流量显示表见图 7-3，PV 显示的是当前流量值，SV 显示的是当前电动阀的开度值，通过上下按键调节电动流量调节阀 V1 的开度，使涡轮流量计读数为零变化至最大或使流量计读数从最大变化到零，测取 10～15 组数据，记录涡轮流量计流量、泵入口压力、泵出口压力、扭矩、转速读数，并记录水温。

（7）关闭电动流量调节阀 V1，关闭压力表 P1 和真空表 P2，停泵，关闭电源，结束实验。

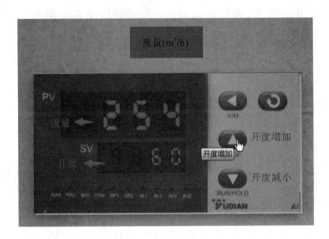

图 7-3　流量显示表

7.5　实验操作步骤

实验前准备工作如下：

（1）向水箱 1 内注水。

（2）灌泵。打开灌水阀 V8 向离心泵 I 进行灌泵，待水面不再下降后关闭灌水阀 V8。打开灌水阀 V11 向离心泵 II 灌水，灌满水后关闭灌水阀 V11。

（3）盘轴以防烧坏电机。

1. 离心泵 I 特性曲线（单泵 I 操作）

（1）打开阀门 V7、V3，并将其他阀门全部关闭。启动实验装置总电源，并按下泵 I

开关键后,再按变频器的 RUN 键启动离心泵Ⅰ。

(2)缓慢打开流量调节阀 V1 至最大。待系统内流体稳定后,打开离心泵出口压力表 P1 下的控制阀 V2 和离心泵入口真空表 P2 下的控制阀 V6,读取压力表、真空表、流量表、功率表及流体温度数据。

(3)改变流量调节阀 V1,使涡轮流量计读数从最大变化至最小,一般测 10~15 组数据。

(4)先关闭流量调节阀 V1,关闭离心泵压力表控制阀 V2 和离心泵入口真空表 P2 下的控制阀 V6,停泵Ⅰ,关闭电源,结束实验。

2. 双泵串联操作

(1)在串联管路上,打开阀门 V10、V3、V5,并将其他阀门全部关闭。启动实验装置总电源,按下离心泵Ⅱ的开关,再按变频器的 RUN 键启动离心泵Ⅱ,离心泵Ⅱ正常工作后,按下离心泵Ⅰ的开关及变频器的 RUN 键启动离心泵Ⅰ,双泵串联操作。

(2)全开流量调节阀 V1,待流体稳定后,打开离心泵出口压力表 P1 下的控制阀 V2 和离心泵入口真空表 P2 下的控制阀 V9。

(3)调节流量调节阀 V1,使涡轮流量计读数从最大变化至最小,一般测 10~15 组数据。记录数据时要待测量稳定后同时记录流量计、压力表、真空表、功率表Ⅰ和功率表Ⅱ的读数及流体温度。

(4)关闭流量调节阀 V1,关闭压力表和真空表控制阀,停泵,关闭电源,结束实验。

3. 双泵并联操作

(1)两泵并联管路上,打开阀门 V3、V4、V7、V10,并将其他阀门全部关闭。启动实验装置总电源,按下离心泵Ⅰ、Ⅱ的开关键后,再按变频器的 RUN 键启动离心泵Ⅰ、Ⅱ。

(2)全开流量调节阀 V1,待流体稳定后,打开离心泵出口压力表 P1 下的控制阀 V2 和离心泵入口真空表 P2 下的控制阀 V6、V9。

(3)调节流量调节阀 V1,使涡轮流量计读数从最大变化至最小,一般测 10~15 组数据。记录数据时要待流体稳定后同时记录流量计、压力表、真空表、功率表Ⅰ和功率表Ⅱ的读数及流体温度。

(4)关闭流量调节阀 V1,关闭压力表控制阀 V2 和真空表控制阀 V6、V9,停泵,关闭电源,结束实验。

 ## 实验操作注意事项

(1)该装置电路采用五线三相制配电,实验设备应良好接地。

(2)启动和关闭离心泵之前,均要先关闭流量调节阀 V1,关闭压力表控制阀 V2 和真空表控制阀 V6、V9,以免离心泵启动时对压力表和真空表造成损害。

（3）离心泵灌满水后必须关闭阀门 V8、V11。

7.6　实验报告

（1）通过实验数据计算不同流量下的 H、N_e、η,并绘制离心泵在一定转速下的特性曲线（$H\text{-}Q$ 曲线、$N\text{-}Q$ 曲线和 $\eta\text{-}Q$ 曲线）。

（2）计算并绘制同一型号离心泵在一定转速下串、并联的特性曲线（$H\text{-}Q$ 曲线、$N\text{-}Q$ 曲线和 $\eta\text{-}Q$ 曲线）。

实验数据记录表见表 7-1、表 7-2、表 7-3,请认真填写。

表 7-1　离心泵性能测定实验数据记录表（单泵）

水温 $t=$_____℃；　液体密度 $\rho=$_____ kg/m³；　泵进出口高度差 $\Delta z=0.47$ m

	入口压力 p_1 /MPa	出口压力 p_2 /MPa	电机输入功率 P /kW	流量 Q /(m³/h)	入口流速 $u_入$ (m/s)	出口流速 $u_出$ (m/s)	压头 H /m	泵轴功率 N /W	效率 η /(%)
1									
2									
3									
4									
5									
6									
7									
8									
9									
10									
11									
12									

表 7-2 双泵并联实验数据记录表

水温 $t=$ _____ ℃； 液体密度 $\rho=$ _____ kg/m³； 泵进出口高度差 $\Delta z=0.47$ m

序号	入口压力 p_1 /MPa	出口压力 p_2 /MPa	电机输入功率1 /kW	电机输入功率2 /kW	电机输入功率 /kW	流量 Q /(m³/h)	压头 H /m	泵轴功率 N /W	效率 η /(%)
1									
2									
3									
4									
5									
6									
7									
8									
9									

表 7-3 双泵串联实验数据记录表

液体温度 $t=$ _____ ℃； 液体密度 $\rho=$ _____ kg/m³； 泵进出口高度差 $\Delta z=0.47$ m

序号	入口压力 p_1 /MPa	出口压力 p_2 /MPa	电机输入功率1 /kW	电机输入功率2 /kW	电机输入功率 /kW	流量 Q /(m³/h)	压头 H /m	泵轴功率 N /W	效率 η /(%)
1									
2									
3									
4									
5									
6									
7									
8									
9									

 思考题

（1）由实验数据知，离心泵输送的水量越大，泵出口处的压力越小，为什么？

（2）泵启动后，如果不开出口阀，压力表读数是否会逐渐上升？为什么？

（3）从所测数据进行分析，离心泵在启动时为什么要关闭出口阀？

第 8 章

强制对流下空气传热膜系数的测定

8.1 实 验 目 的

(1) 通过对空气-水蒸汽简单套管换热器的实验研究,进一步掌握量纲分析法指导下的实验研究方法及数据处理方法、强制对流下空气传热膜系数 α 的测定方法,加深对其概念和影响因素的理解,并应用线性回归分析方法,确定关联式 $Nu = ARe^m Pr^{0.4}$ 中常数 A、m 的值。

(2) 通过对管程内部插有螺旋线圈的空气-水蒸汽强化套管换热器的实验研究,测定其准数关联式 $Nu = BRe^m$ 中常数 B、m 的值,并计算得到强化比 Nu/Nu_0,了解强化传热的基本理论和基本方式。

(3) 培养学生安全意识和团队合作精神。

8.2 实 验 原 理

1. 普通套管换热器传热膜系数测定及准数关联式的确定

(1) 对流传热膜系数 α_i 的测定

间壁对流传热过程中,当实验内管为紫铜管,导热系数 λ 较大,且管壁很薄时,管壁热阻可以忽略不计,此时以换热管内壁面积为基准的总传热系数 K 与对流传热膜系数 α_i、α_o 的关系为

$$\frac{1}{K} = \frac{1}{\alpha_i} + \frac{d_i}{\alpha_o d_o} \tag{8-1}$$

本装置进行实验时,采用空气作为冷流体走管内,水蒸汽作为热流体走管外。管内空气与管壁间的对流传热膜系数 α_i 为几十到几百(W/(m² · ℃)),而管外水蒸汽与管壁间的对流传热膜系数 α_o 可达 10^4(W/(m² · ℃)),$\alpha_i \ll \alpha_o$,因此 $\frac{d_i}{\alpha_o d_o}$ 可以忽略,则 $\alpha_i \approx K$。因此,只要在实验中求出 K,则可求得空气一侧的对流传热膜系数 α_i。实验中测出冷热流体的进出口温度及空气的体积流量,则 K 可以通过下面的总传热速率方程式求出:

$$K = \frac{Q_i}{\Delta t_m \cdot S_i} \tag{8-2}$$

式中:Q_i——管内传热速率,W;

$\quad S_i$——管内换热面积,m²;

$\quad \Delta t_m$——管内平均温度差,℃。

管内平均温度差 Δt_m 由下式确定:

$$\Delta t_m = t_w - t_m \tag{8-3}$$

式中:$t_m = \frac{t_1 + t_2}{2}$——冷流体进出口平均温度,又称为定性温度,℃;

$\quad t_w$——壁面平均温度,℃。

因为换热器内管为紫铜管,其导热系数很大,且管壁很薄,故认为内壁温度、外壁温度和壁面平均温度近似相等,用 t_w 来表示。由于管外使用蒸汽,所以 t_w 近似等于热流体的平均温度。

管内换热面积为

$$S_i = \pi d_i L_i \tag{8-4}$$

式中:d_i——内管管内径,m;

$\quad L_i$——传热管测量段的实际长度,m。

由热量衡算式

$$Q_i = W_i c_{pi} (t_2 - t_1) \tag{8-5}$$

其中,质量流量由下式求得:

$$W_i = \frac{V_i \rho_i}{3600} \tag{8-6}$$

式中:V_i——冷流体在套管内的平均体积流量,m³/h;

$\quad c_{pi}$——冷流体的比热,kJ/(kg · ℃);

$\quad \rho_i$——冷流体的密度,kg/m³。

c_{pi} 和 ρ_i 可根据定性温度 t_m 查得,t_1,t_2,t_w,V_i 均可测量得到。

(2) 对流传热膜系数准数关联式的实验确定

流体在管内做强制湍流,根据量纲分析法得到其准数关联式为

$$Nu_i = ARe_i^m Pr_i^n \tag{8-7}$$

式中：$Nu_i = \dfrac{\alpha_i d_i}{\lambda_i}$，$Re_i = \dfrac{u_i d_i \rho_i}{\mu_i}$，$Pr_i = \dfrac{c_{pi}\mu_i}{\lambda_i}$。

当管内空气被加热时，$n = 0.4$，则关联式的形式简化为

$$Nu_i = ARe_i^m Pr_i^{0.4} \tag{8-8}$$

物性数据 λ_i、c_{pi}、ρ_i、μ_i 可根据定性温度 t_m 查得，这样在管径确定的条件下，通过改变流速，则可得到不同流量下的 Re_i 与 Nu_i，然后用线性回归方法确定 A 和 m 的值。

2. 强化套管换热器传热系数、准数关联式及强化比的测定

强化传热技术，可以使初设计的传热面积减小，从而减小换热器的体积和重量，提高现有换热器的换热能力，达到强化传热的目的。强化传热的方法有多种，本实验装置采用如图 8-1 所示的螺纹线圈进行强化传热。

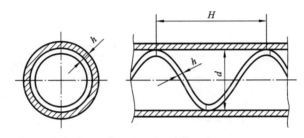

图 8-1　螺旋线圈强化管内部结构

图 8-1 中螺旋线圈由直径 3 mm 以下的铜丝和钢丝按一定节距绕成。将金属螺旋线圈插入并固定在管内，即可构成一种强化传热管。在近壁区域，流体一方面由于螺旋线圈的作用而发生旋转，另一方面还周期性地受到线圈的螺旋金属丝的扰动，因而可以使传热强化。由于绕制线圈的金属丝直径很细，流体旋流强度也较弱，所以阻力较小，有利于节省能源。螺旋线圈是以线圈节距 H 与管内径 d 的比值及管壁粗糙度（$2d/h$）为主要技术参数，其长径比是影响传热效果和阻力系数的重要因素。

科学家通过实验研究总结了形式为 $Nu = ARe^m$ 的经验公式，其中 A 和 m 的值因强化方式不同而不同。在本实验中，确定不同流量下的 Re_i 与 Nu_i，用线性回归方法可确定 A 和 m 的值。

单纯研究强化手段的强化效果（不考虑阻力的影响），可以用强化比 Nu/Nu_0 来表示，其中 Nu 是强化管的努塞尔准数，Nu_0 是光滑套管的努塞尔准数，显然，强化比 $Nu/Nu_0 > 1$，而且其值越大，强化效果越好。需要说明的是，评判强化方式的真正效果和经济效益，还必须考虑流动阻力因素，因为流动阻力系数随着对流热系数的增加而增加，从而导致能耗的增加，因此强化比较高，且能耗较小的强化方式，才是最佳的强化方法。

8.3 实验装置

1. 实验装置简介

实验装置示意图见图 8-2,主体设备是两根平行的套管式换热器,内管一根为光滑管,一根为强化管。内管为紫铜材质,外管为不锈钢管,实验的水蒸汽发生器为电加热釜,空气由旋涡气泵吹出,由旁路调节阀调节流量,经孔板流量计,由支路控制阀通过不同的支路进入换热器。水蒸汽作为热流体走管外,空气作为冷流体走管内。虚拟仿真实验画面见图 8-3。

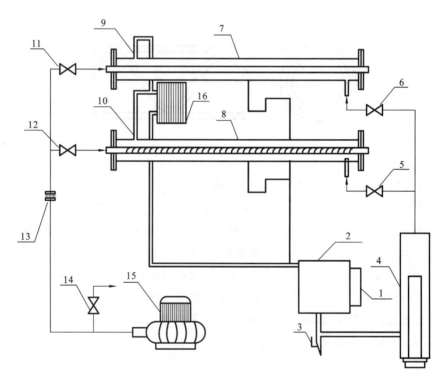

图 8-2 强制对流下空气传热膜系数的测定实验装置示意图

1—液位计;2—水箱;3—排水阀;4—水蒸汽发生器;5—强化套管水蒸汽进口阀;6—光滑套管水蒸汽进口阀;

7—光滑套管换热器;8—内插有螺旋线圈的强化套管换热器;9—光滑套管水蒸汽出口;10—强化套管水蒸汽出口;

11—光滑套管空气进口阀;12—强化套管空气进口阀;13—孔板流量计;14—空气旁路调节阀;

15—旋涡气泵 ;16—水蒸汽冷凝器

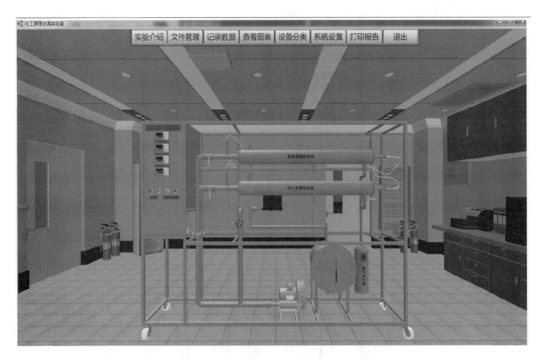

图 8-3　强制对流下空气传热膜系数的测定实验虚拟仿真画面

2. 实验装置主要技术参数

实验装置主要技术参数见表 8-1。

表 8-1　实验设备主要技术参数

套管换热器实验内管直径 d_i/mm		20
实验管长（紫铜内管）L/m		1.20
强化传热内插物 （螺旋线圈）尺寸	丝径 h/mm	1
	节距 H/mm	40
套管换热器实验外管直径 d_o/mm		50
孔板流量计孔流系数及孔径		$C_0 = 0.65, d = 0.017$ m
旋涡气泵型号		XGB-2

3. 实验仪表面板图

传热过程综合实验仪表面板如图 8-4 所示。

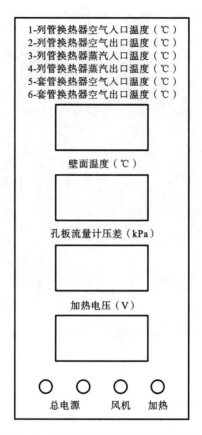

图 8-4　传热过程综合实验仪表面板图

8.4　虚拟仿真实验操作步骤

虚拟仿真实验操作步骤如下：

（1）打开总电源开关，启动电加热开关，开始加热。

（2）打开光滑套管换热器 7 的水蒸汽进口阀 6 和空气进口阀 11。

（3）待换热器壁温上升并稳定后，打开空气旁路调节阀 14（开到最大），打开旋涡气泵 15。

（4）利用空气旁路调节阀 14 来调节空气流量并在一定的流量下稳定 3～5 min（观察空气出口温度基本稳定）后分别记录孔板流量计压差、进出口温度和管壁温度。

（5）改变不同的空气流量测取 6～8 组数据。

（6）关闭光滑套管水蒸汽进口阀 6 和空气进口阀 11，光滑套管换热实验结束。

（7）打开强化套管水蒸汽进口阀 5 和空气进口阀 12，做强化套管换热实验，重复上述步骤（3）～（5），测取 6～8 组数据。

（8）依次关闭加热开关、风机和总电源，结束实验。

8.5　实验操作步骤

1. 实验前的准备及检查工作

（1）向水箱中加水至三分之二。

（2）空气旁路调节阀 14 全开。

（3）实验先做光滑套管，后做强化套管，因此在开始实验前需先检查强化套管水蒸汽进口阀 5 和空气进口阀 12 是否已关闭，保证光滑套管管外水蒸汽和管内空气管线的畅通。

（4）打开总电源。

2. 光滑套管实验

（1）打开光滑套管水蒸汽进口阀 6，启动仪表面板的加热开关，对水蒸汽发生器 4 内的水进行加热产生水蒸汽。当光滑套管内管壁温度升到接近 100 ℃ 并稳定 3～5 min 后，空气旁路调节阀 14 全开，打开空气进口阀 11，再启动旋涡气泵 15。

（2）用空气旁路调节阀 14 来调节空气流量，每次调好某一流量后稳定 3～5 min 后（观察空气出口温度基本稳定）后分别记录孔板流量计压差、进出口温度和管壁温度。

（3）一般从小流量改变至最大流量，测取 5～6 组数据。

（4）光滑套管实验结束后全开空气旁路调节阀 14，停旋涡气泵 15。

3. 强化套管实验

（1）缓慢打开强化套管蒸汽进口阀 5 后再缓慢关闭光滑套管水蒸汽进口阀 6，防止管线截断或蒸汽压力过大突然喷出。关闭空气进口阀 11，切换到强化套管换热器。当强化套管内管壁温度升到接近 100 ℃ 并稳定 3～5 min 后，保持空气旁路调节阀 14 全开，打开空气进口阀 12，再启动风机。

（2）重复上述光滑套管实验步骤（2）～（3）。

4. 实验结束

关闭水蒸汽发生器 4 的加热开关，待管内空气温度降至 40 ℃ 后，关闭总电源。

 **实验注意事项**

（1）每个实验结束后，进行下一实验之前，都必须要检查水蒸汽发生器中的水位是否在正常范围内。如果发现水位过低，应及时补充水量。

（2）必须保证水蒸汽上升管线的畅通。在水蒸汽发生器 4 加热之前，两个水蒸汽支路阀门之一必须全开。在转换支路时，应先开启需要的支路阀，再关闭另一侧，且开启和关闭阀门必须缓慢，防止管线截断或蒸汽压力过大突然喷出。

（3）必须保证空气管线的畅通。即在接通风机电源之前，两个空气支路控制阀之一和旁路调节阀必须全开。在转换支路时，应先关闭风机电源，然后开启和关闭支路阀。

8.6 实验报告

（1）测定 5～6 个不同流速下光滑套管换热器的对流传热膜系数 α_i，绘制 $Nu/Pr^{0.4}$-Re 双对数坐标图，用图解法求关联式 $Nu = ARe^m Pr^{0.4}$ 中常数 A、m 的值。

（2）测定 5～6 个不同流速下强化套管换热器的对流传热膜系数 α_i，绘制 $Nu/Pr^{0.4}$-Re 双对数坐标图，用图解法求关联式 $Nu = BRe^m$ 中常数 B、m 的值。

（3）在同一流量下，按实验所得准数关联式求得 Nu_0，计算传热强化比 Nu/Nu_0。

实验数据记录表见表 8-2 和表 8-3，请认真填写。

表 8-2　实验数据记录表（光滑套管换热器）

序号	1	2	3	4	5	6
孔板流量计压差/kPa						
空气入口温度 t_1/℃						
空气出口温度 t_2/℃						
壁温 t_w/℃						
蒸汽温度/℃						

表 8-3　实验数据记录表（强化套管换热器）

序号	1	2	3	4	5	6
孔板流量计压差/kPa						
空气入口温度 t_1/℃						
空气出口温度 t_2/℃						
壁温 t_w/℃						
蒸汽温度/℃						

思考题

（1）在蒸汽冷凝时,若存在不凝性气体,你认为将会有什么影响？应该采取什么措施?

（2）就本实验而言,为了提高总传热系数 K,可采取哪些有效的措施？其中最有效的方法是什么?

（3）请思考本实验是稳态传热还是非稳态传热。

附录　实验数据分析举例

下面以表 8-4 第 1 组数据为例对光滑套管实验进行分析：

表 8-4　实验装置数据记录及整理表（光滑套管换热器）

序　号	1	2	3	4	5	6
孔板流量计压差/kPa	0.82	1.62	2.63	3.4	4.25	5.25
空气入口温度 t_1/℃	21.4	19.1	20.3	21.9	24.6	29.2
ρ_{t_1}/(kg/m³)	1.20	1.21	1.21	1.20	1.19	1.18
空气出口温度 t_2/℃	61.6	58.2	57.1	57.3	58.2	60.7
t_w/℃	99.4	99.3	99.3	99.3	99.3	99.3
t_m/℃	41.50	38.65	38.70	39.60	41.40	44.95
ρ_i/(kg/m³)	1.13	1.14	1.14	1.14	1.13	1.12
$\lambda_i \times 10^2$/(W/m·℃)	2.76	2.74	2.74	2.74	2.76	2.78
c_{pi}/(J/kg·K)	1005	1005	1005	1005	1005	1005
$\mu_i \times 10^5$/(Pa·s)	1.92	1.90	1.91	1.91	1.92	1.93
$t_2 - t_1$/℃	40.20	39.10	36.80	35.40	33.60	31.50
Δt_m/℃	57.90	60.65	60.60	59.70	57.90	54.35
V_{t_1}/(m³/h)	19.63	27.47	35.00	39.96	44.87	50.08
V_i/(m³/h)	20.97	29.35	37.39	42.69	47.93	53.50
u_i/(m/s)	18.54	25.94	33.06	37.74	42.38	47.30
Q_i/W	266	366	438	477	504	521
α_i/(W/m²·℃)	61	80	96	106	115	127
Re_i	21823	30538	38909	44422	49881	55673
Nu_i	44	59	70	77	84	91
$Nu_i/Pr_i^{0.4}$	51	68	81	89	97	106

空气孔板流量计压差 $\Delta p = 0.82$ kPa；壁温 $t_w = 99.4$ ℃；

空气进口温度 $t_1 = 21.4$ ℃；出口温度 $t_2 = 61.6$ ℃。

传热管内径 d_i(mm) 及流通截面积 A_i(m²) 为

$$d_i = 20.0 \text{ (mm)} = 0.0200 \text{ (m)}$$

$$A_i = \pi d_i^2/4 = 3.142 \times 0.0200^2/4 = 0.0003142 \text{ (m}^2\text{)}$$

传热管有效长度 $L(\mathrm{m})$ 及传热面积 S_i：

$$L = 1.200 \ (\mathrm{m})$$

$$S_i = \pi L d_i = 3.14 \times 1.200 \times 0.0200 = 0.0754 \ (\mathrm{m}^2)$$

传热管实验段上空气平均物性常数的确定：

先算出实验段上空气的定性温度 t_m，为了简化计算，取 t_m 值为空气进口温度 t_1 及出口温度 t_2 的平均值，即

$$t_m = \frac{t_1 + t_2}{2} = \frac{21.4 + 61.6}{2} = 41.5 \ (^\circ\mathrm{C})$$

据此查得：

测量段上空气的平均密度为

$$\rho_i = 1.13 \ (\mathrm{kg/m}^3)$$

平均比热为

$$c_{pi} = 1005 \ (\mathrm{J/kg \cdot K})$$

平均导热系数为

$$\lambda_i = 0.0276 \ (\mathrm{W/m \cdot {}^\circ C})$$

平均黏度为

$$\mu_i = 0.0000192 \ (\mathrm{Pa \cdot s})$$

平均普兰特准数的 0.4 次方为

$$Pr_i^{0.4} = 0.696^{0.4} = 0.865$$

空气流过测量段上平均体积 $V_i(\mathrm{m}^3/\mathrm{h})$ 的计算如下：

孔板流量计体积流量：

$$V_{t_1} = C_0 A_0 \sqrt{\frac{2\Delta p}{\rho_{t_1}}}$$

$$= 0.65 \times 3.14 \times 0.017^2 \times \frac{3600}{4} \times \sqrt{\frac{2 \times 0.82 \times 1000}{1.20}} = 19.63 \ (\mathrm{m}^3/\mathrm{h})$$

传热管内平均体积流量：

$$V_i = V_{t_1} \times \frac{273 + t_m}{273 + t_1} = 19.63 \times \frac{273 + 41.5}{273 + 21.4} = 20.97 \ (\mathrm{m}^3/\mathrm{h})$$

平均流速：

$$u_i = \frac{V_i}{A_i \times 3600} = \frac{20.97}{0.0003142 \times 3600} = 18.54 \ (\mathrm{m/s})$$

管壁与冷流体间的平均温度差 Δt_m 的计算（壁温 $t_w = 99.4 \ ^\circ\mathrm{C}$）：

$$\Delta t_m = t_w - \frac{t_1 + t_2}{2} = 99.4 - 41.5 = 57.9 \ (^\circ\mathrm{C})$$

其他项计算：

传热速率：

$$Q_i = \frac{V_i \times \rho_i \times c_{pi} \times \Delta t}{3600} = \frac{20.97 \times 1.13 \times 1005 \times (61.6 - 21.4)}{3600} = 266 \ (\mathrm{W})$$

$$\alpha_i = \frac{Q_i}{\Delta t_m \times S_i} = \frac{266}{57.9 \times 0.0754} = 61 \ (\mathrm{W/m^2 \cdot ℃})$$

努塞尔准数：

$$Nu_i = \frac{\alpha_i d_i}{\lambda_i} = \frac{61 \times 0.0200}{0.0276} = 44$$

雷诺准数：

$$Re_i = \frac{u_i d_i \rho_i}{\mu_i} = \frac{0.0200 \times 18.54 \times 1.13}{0.0000192} = 21823$$

以 $\dfrac{Nu}{Pr^{0.4}}$-Re 作图（见图 8-5）、回归得到准数关联式 $Nu = ARe^m Pr^{0.4}$ 中的系数 A、m。

重复步骤以上计算步骤，处理表 8-5 中强化套管的实验数据。作图、回归得到准数关联式 $Nu = BRe^m (B = APr^{0.4})$ 中的系数 B、m。

表 8-5 实验装置数据记录及整理表（强化套管换热器）

序　号	1	2	3	4	5	6
孔板流量计压差/kPa	0.44	0.86	1.31	1.77	2.18	2.83
空气入口温度 t_1/℃	24	21	21.2	23.3	25.7	31.5
ρ_{t_1}/(kg/m³)	1.19	1.20	1.20	1.20	1.19	1.17
空气出口温度 t_2/℃	85.9	83.6	82.1	81.5	81.7	82.6
t_w/℃	99.4	99.3	99.2	99.3	99.2	99.3
t_m/℃	54.95	52.30	51.65	52.40	53.70	57.05
ρ_i/(kg/m³)	1.09	1.10	1.10	1.10	1.09	1.08
$\lambda_i \times 10^2$(W/m·℃)	2.86	2.84	2.83	2.84	2.85	2.87
c_{pi}/(J/kg·K)	1005	1006	1007	1008	1009	1010
$\mu_i \times 10^5$/(Pa·s)	1.98	1.97	1.97	1.97	1.97	1.99
$t_2 - t_1$/℃	61.90	62.60	60.90	58.20	56.00	51.10
Δt_m/℃	44.45	47.00	47.55	46.90	45.50	42.25
V_{t_1}/(m³/h)	14.44	20.10	24.81	28.83	32.13	36.92
V_i/(m³/h)	15.43	21.47	26.50	30.80	34.32	39.44
u_i/(m/s)	13.64	18.98	23.43	27.23	30.34	34.87
Q_i/W	299	426	512	567	603	621
α_i/(W/m²·℃)	89	120	143	160	176	195
Re_i	16053	22345	27581	32050	35718	41043
Nu_i	63	85	101	113	123	136
$Nu_i/(Pr_i^{0.4})$	72	98	117	131	143	157

从图 8-5 中可以得到当 $Re = 3 \times 10^4$ 时,强化套管 $\dfrac{Nu}{Pr^{0.4}} = 127$,光滑套管 $\dfrac{Nu_0}{Pr^{0.4}} = 66$,强

化比 $\dfrac{Nu}{Nu_0} = \dfrac{127}{66} = 1.9$。

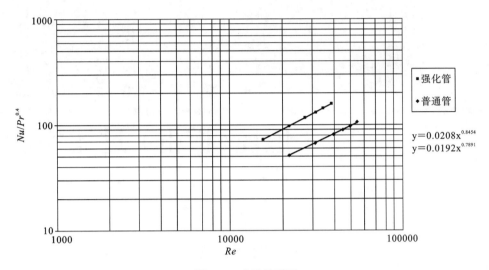

图 8-5　准数关联图

第9章

恒压(板框)过滤实验

9.1 实验目的

(1) 掌握恒压过滤常数 K、q_e、θ_e 的测定方法,加深对 K、q_e、θ_e 概念和影响因素的理解。

(2) 学习滤饼的压缩性指数 s 和物料常数 k 的测定方法。

(3) 学习 $\frac{d\theta}{dq}$-q 关系的实验测定方法。

9.2 实验原理

恒压过滤常数 K、q_e、θ_e的测定方法:

过滤是利用过滤介质对液-固非均相混合物进行分离的过程,过滤介质通常采用带有许多毛细孔的物质如帆布、毛毯、多孔陶瓷等。含有固体颗粒的悬浮液在一定压力的作用下液体通过过滤介质,固体颗粒被截留在介质表面,从而使液固两相分离。

在过滤过程中,由于固体颗粒不断地被截留在介质表面上,滤饼厚度逐渐增加,液体流过固体颗粒之间的孔道加长,而使流体流动阻力增加。因此恒压过滤时,由于推动力不变,过滤阻力增加,则过滤速率逐渐下降。若要得到相同的滤液量,过滤时间会增加。

恒压过滤方程如下:

$$\frac{dq}{d\theta} = \frac{K}{2(q+q_e)} \qquad (9\text{-}1)$$

式中:q——单位过滤面积获得的滤液体积,m^3/m^2;

$\quad\quad q_e$——单位过滤面积上的虚拟滤液体积,m^3/m^2;

$\quad\quad \theta$——实际过滤时间,s;

$\quad\quad \theta_e$——虚拟过滤时间,s;

$\quad\quad K$——过滤常数,m^2/s。

将式(9-1)改成

$$\frac{\theta}{q} = \frac{2}{K}q + \frac{2}{K}q_e \tag{9-2}$$

$\dfrac{\theta}{q}$-q 的关系在直角坐标上为一条斜率为 $\dfrac{2}{K}$、截距为 $\dfrac{2}{K}q_e$ 的直线,从而求出 K、q_e。至于 θ_e,可由下式求出:

$$q_e^2 = K\theta_e \tag{9-3}$$

根据过滤常数的定义式

$$K = 2k\Delta p^{1-s} \tag{9-4}$$

两边取对数得

$$\lg K = (1-s)\lg\Delta p + \lg(2k) \tag{9-5}$$

式中:k——物料特性常数;

$\quad\quad s$——滤饼的压缩性指数。

而

$$k = \frac{1}{\mu r' \nu} \tag{9-6}$$

式中:μ——黏度,$Pa\cdot s$;

$\quad\quad r'$——单位压力差下的滤饼比阻,$1/m^2$;

$\quad\quad \nu$——滤饼体积/滤液体积。

由式(9-4)可知,K 与 Δp 的关系在对数坐标上也是一条直线,斜率为 $1-s$,由此可得到滤饼的压缩性指数 s,通过截距得到物料特性常数 k。

9.3　实 验 装 置

1. 实验装置简介

实验装置主要由过滤机组、过滤板、压紧装置、反洗水箱、滤浆槽、滤液水槽、搅拌电机和旋涡泵等组成,如图 9-1 所示,其中过滤板 8 上的 4 个孔道 A、B、C、D 分别与图中 V4、V3、V6、V7 控制阀的管路相通,构成过滤通道和洗水通道。虚拟仿真实验装置示意图与画面见图 9-2、图 9-3。

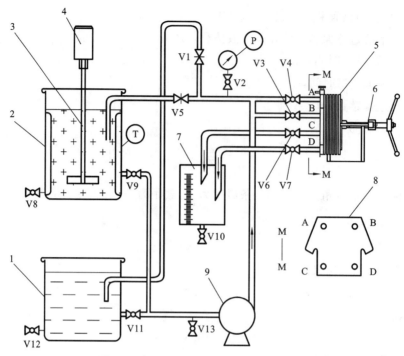

图 9-1 恒压(板框)过滤实验装置示意图

1—反洗水箱;2—滤浆槽;3—搅拌叶片;4—搅拌电机;5—过滤机组;6—压紧装置;

7—滤液水槽;8—过滤板;9—旋涡泵;T—温度计;P—过滤压力表;V1~V12—阀门

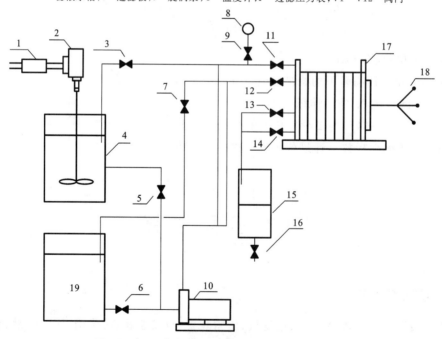

图 9-2 恒压(板框)过滤虚拟仿真实验装置示意图

1—调速器;2—电动搅拌器;3、5、6、7、9、16—阀门;4—滤浆槽;8—压力表;10—泥浆泵;11—后滤液入口阀;

12—前滤液入口阀;13—后滤液出口阀;14—前滤液出口阀;15—滤液水槽;17—过滤机组;18—压紧装置;19—反洗水箱

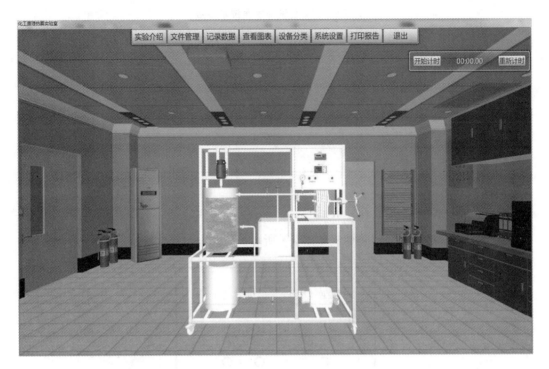

图 9-3　恒压(板框)过滤实验虚拟仿真画面

实验简介:

配制滤浆:在滤浆槽内配制一定浓度的轻质碳酸钙悬浮液(浓度为 $6\%\sim8\%$),用电动搅拌器均匀搅拌(以浆液不出现旋涡为好)。滤液量在计量桶内计量。

实验装置中固定头管路分布如图 9-4 所示:

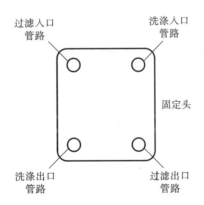

图 9-4　板框过滤机固定头管路分布图

2. 实验装置主要技术参数

实验装置主要技术参数如表 9-1 所示。

表 9-1　实验设备主要技术参数

序号	名称	规格	材料
1	搅拌器	型号：KDZ-1	
2	过滤板	160 mm×180 mm×1 mm	不锈钢
3	滤布	工业用	
4	过滤面积	0.0475 m²	
5	计量桶	长 327 mm、宽 289 mm	有机玻璃

3. 实验仪表面板图

恒压（板框）过滤实验仪表面板如图 9-5 所示。

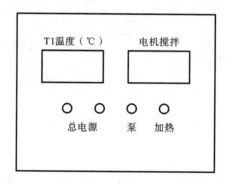

图 9-5　恒压（板框）过滤实验仪表面板图

9.4　虚拟仿真实验操作步骤

（1）打开总电源。

（2）打开搅拌调速器 1 的开关，调节调速器旋钮（设定电流），将滤浆槽 4 内的滤浆搅拌均匀。

（3）点击压紧装置 18 压紧板框。

（4）全开阀门 3、5、后滤液出口阀 13、前滤液出口阀 14。启动泥浆泵 10，打开阀门 9，利用调节阀门 3 使压力表 8 达到规定值（0.05 MPa、0.10 MPa、0.15 MPa）。

（5）待压力表 8 数值稳定后，打开后滤液入口阀 11 开始过滤。同时开始计时，记录滤液每增加 10 mm 高度所用的时间。测量并记录 10～15 组数据后，立即关闭后滤液入口阀 11。

（6）打开阀门 3 使压力表指示值下降，关闭泵开关。打开阀门 16 放出滤液水槽 15

内的滤液并倒回滤浆槽 4 内,保证滤浆浓度恒定。

（7）洗涤实验时关闭阀门 3、5,全开阀门 6、7、9。调节阀门 7 使压力表 8 达到洗涤
要求的数值。打开前滤液入口阀 12,后滤液出口阀 13,等到阀门 13 有液体流下时开始
计时,测取 4～6 组数据（洗涤实验测得的数据不用记录）,实验结束后,关闭阀门 12、13,
打开阀门 16 放出滤液水槽 15 内的滤液到反洗水箱内。

（8）开启压紧装置,卸下过滤框内的滤饼并放回滤浆槽内,将滤布清洗干净。

（9）改变压力值,重复上述实验。

9.5　实验操作步骤

1. 实验准备工作

（1）在滤浆槽 2 内配制一定浓度的轻质碳酸钙悬浮液（浓度为 6%～8%）,开启搅拌
电机 4,搅拌转速在 30 r/min 左右,搅拌均匀（以浆液不出现旋涡为好）。

（2）在滤液水槽 7 中加入一定高度液位的水（水位在标尺 50 mm 处即可）。

（3）板框过滤机的板框排列顺序为固定头—非洗涤板(●)—框($\vdots$)—洗涤板($\vdots$)—框
($\vdots$)—非洗涤板(●)—可动头。将滤布和硅胶垫按顺序放入板框之间,用压紧装置 6
压紧。

2. 过滤实验

（1）打开阀门 V5、V6、V7、V9,关闭其他阀门。启动旋涡泵 9,打开阀门 V2,利用料
液回水阀 V5 调节压力,待压力表 P 达到规定值（0.05 MPa、0.10 MPa、0.15 MPa）。

（2）待压力表稳定后,打开阀门 V4 开始过滤。当滤液水槽 7 内出现第一滴液体时
开始计时,记录滤液每增加高度 10 mm 时所用的时间。实验中保持压力恒定,当滤液槽
读数为 160 mm 时停止计时,并立即关闭阀门 V4。

（3）打开阀 V5 使压力表指示值下降,关闭旋涡泵 9。

3. 洗涤实验

（1）全开阀门 V1、V6、V11,其他阀门全关。启动旋涡泵 9,打开阀门 V2,调节阀门
V1 使压力表达到洗涤所需压力。打开洗涤入口阀门 V3,等滤液水槽 7 有液体流下时开
始计时,洗涤量为过滤量的四分之一。

（2）放出滤液水槽 7 内的滤液并倒回滤浆槽 2 内,开启压紧装置 6 将滤框里面的滤
饼打碎回收放回原料桶内,清洗滤布,保证滤浆浓度恒定。

实验注意事项

(1) 过滤板与过虑框之间的密封垫注意要放正,过滤板与过虑框上面的滤液进出口要对齐。过滤板与过虑框安装完毕后要用摇柄把过滤设备压紧,以免漏液。

(2) 滤液水槽的流液管口应紧贴桶壁,防止液面波动影响读数。

(3) 由于电动搅拌器为无级调速,使用时首先接上系统电源,打开调速器开关,调速钮一定要由小到大缓慢调节,切勿反方向调节或调节过快,以免损坏电机。

(4) 启动搅拌前,手动旋转一下搅拌轴以保证启动顺利。

9.6 实验报告

(1) 测定不同压力实验条件下的过滤常数 K、q_e、θ_e。

(2) 根据实验测量数据,计算滤饼的压缩性指数 s 和物料特性常数 k。

 思考题

(1) 板框式过滤机的优缺点是什么?适用于什么场合?

(2) 在恒压过滤中,初始阶段为什么不采用恒压操作?

(3) 过滤开始时,为什么滤液是浑浊的?

(4) 如果过滤液黏度比较大,可以采取什么措施提高过滤速率?

附录　数据分析举例

下面以表 9-2 中压力为 0.05 MPa 时所测得的第 2、3 组数据为例对过滤常数 K、q_e、θ_e 进行计算。

表 9-2　第一套过滤实验数据表

序号	高度H /mm	q /(m³/m²)	$\bar{q}$ /(m³/m²)	0.05 MPa			0.10 MPa			0.15 MPa		
				时间 θ /s	$\Delta\theta$/s	$\Delta\theta/\Delta q$ /(s·m²/m³)	时间 θ /s	$\Delta\theta$/s	$\Delta\theta/\Delta q$ /(s·m²/m³)	时间 θ /s	$\Delta\theta$/s	$\Delta\theta/\Delta q$ /(s·m²/m³)
1	50	0.0000	0.010	0.00	16.24	819.10	0.00	11.58	584.07	0.00	9.05	456.459
2	60	0.0198	0.030	16.24	22.50	1134.84	11.58	15.72	792.88	9.05	12.88	649.635
3	70	0.0397	0.050	38.74	30.72	1549.44	27.30	21.53	1085.92	21.93	16.53	833.732
4	80	0.0595	0.069	69.46	40.97	2066.42	48.83	27.66	1395.10	38.46	21.88	1103.572
5	90	0.0793	0.089	110.43	50.66	2555.16	76.49	34.47	1738.58	60.34	26.78	1350.716
6	100	0.0991	0.109	161.09	58.06	2928.40	110.96	40.56	2045.74	87.12	29.81	1503.541
7	110	0.1190	0.129	219.15	67.87	3423.19	151.52	46.06	2323.15	116.93	33.12	1670.489
8	120	0.1388	0.149	287.02	77.41	3904.37	197.58	54.16	2731.69	150.05	40.72	2053.814
9	130	0.1586	0.169	364.43	115.03	5801.82	251.74	69.91	3526.08	190.77	48.88	2465.384
10	140	0.1784	0.188	479.46			321.65			239.65		

$$\Delta V = S \times \Delta H = 0.289 \times 0.327 \times 0.01 = 9.452 \times 10^{-4}\,(\text{m}^3)$$

$$\Delta\theta = 38.74 - 16.24 = 22.50\,(\text{s})$$

$$\frac{\Delta\theta}{\Delta q} = \frac{22.50}{0.0397 - 0.0198} = 1.13 \times 10^3$$

$$\bar{q} = \frac{q_3 + q_2}{2} = \frac{0.0397 + 0.0198}{2} = 0.030\,(\text{m}^3/\text{m}^2)$$

以 $\dfrac{\Delta\theta}{\Delta q}$-$\bar{q}$ 作图 9-6,从图中可得

斜率:$\dfrac{2}{K} = 27614$,　　$K = 7.243 \times 10^{-5}\,(\text{m}^2/\text{s})$;

截距:$\dfrac{2}{K}q_e = 223.3$,　　$q_e = 8.09 \times 10^{-3}\,(\text{m}^3/\text{m}^2)$;

$$\theta_e = q_e^2/K = (8.09 \times 10^{-3})^2/7.243 \times 10^{-5} = 0.904$$

按以上方法依次读取不同压力下 $\dfrac{\Delta\theta}{\Delta q}$-$\bar{q}$ 关系图上直线的斜率和截距,计算得到过滤常数。将计算所得所有数据记录在表 9-3 中,并根据该表数据作图 9-7,从图中可以看出 $S = 1 - 0.746 = 0.254$,$k = 1 \times 10^{-8}$。

表 9-3　第一套过滤实验物料常数压缩性指数数据表

序号	斜率	截距	压力/MPa	$K/(m^2/s)$	$q_e/(m^3/m^2)$	θ_e/s
1	27614	223.3	0.05	7.243×10^{-5}	8.09×10^{-3}	0.904
2	17409	249.36	0.10	1.149×10^{-4}	1.43×10^{-2}	1.779
3	12039	268.91	0.15	1.661×10^{-4}	2.23×10^{-2}	2.994

物料常数 $k=1\times10^{-8}$，压缩性指数 $s=0.254$

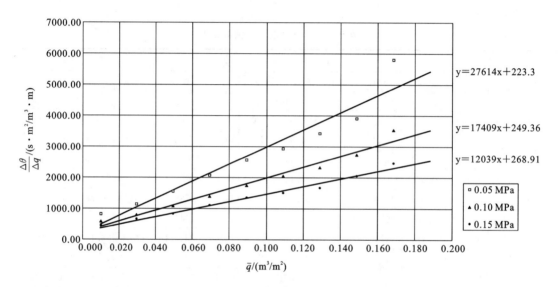

图 9-6　$\dfrac{\Delta\theta}{\Delta q}$-$\bar{q}$ 曲线

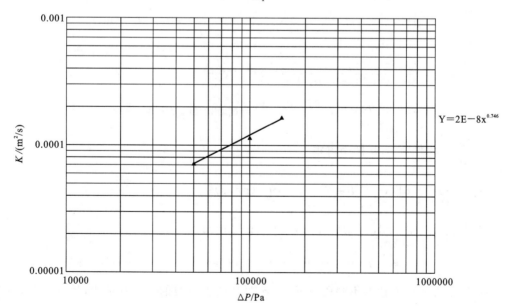

图 9-7　K-Δp 曲线

第 10 章

填料吸收塔实验

10.1 实验目的

（1）了解填料吸收塔的结构，掌握其操作方法。

（2）掌握测量吸收装置 $\frac{\Delta p}{z}$-u 的关系曲线，加深对填料塔流体力学性能的理解，了解液泛发生的条件和原因。

（3）掌握填料吸收塔体积吸收系数的测定方法，掌握数学模型法和量纲分析法指导下的实验研究方法及数据处理。

10.2 实验原理

填料塔的流体力学性能（压强降、液流气速、载液量等）对填料塔的设计及操作参数的选择至关重要，气体通过填料层压强降的大小决定了塔的动力消耗。压强降与气、液流量有关，不同液体喷淋量下单位填料层的压强降 $\frac{\Delta p}{z}$ 与空塔气速 u 的关系如图 10-1 所示。

当液体喷淋量 $L_0 = 0$ 时，干填料的 $\frac{\Delta p}{z}$-u 的关系是直线（对应图 10-1 中的直线 L_0）。当有一定的喷淋量时，$\frac{\Delta p}{z}$-u 的关系变成曲线（对应图 10-1 中的直线 $L_1 \sim L_3$），并存在两个转折点，下转折点称为"载点"，上转折点称为"泛点"。这两个转折点将 $\frac{\Delta p}{z}$-u 关系曲线

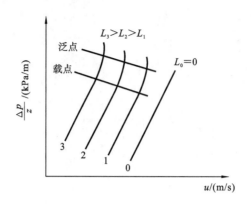

图 10-1 填料层的 $\dfrac{\Delta p}{z}$-u 关系

分为三个区段:恒持液量区、载液区及液泛区。

传质性能:传质系数是决定传质速率大小的重要参数,可由实验测定。对于相同的物系及一定的设备(填料类型与尺寸),传质系数随着操作条件及气液接触状况的不同而变化。

根据双膜模型的基本假设,气相一侧和液相一侧的吸收质 A 的传质速率方程可分别表示为

气膜
$$N_A = k_g A(p_A - p_{Ai}) \tag{10-1}$$

液膜
$$N_A = k_l A(c_{Ai} - c_A) \tag{10-2}$$

式中:N_A——A 组分的传质速率,kmol/s;

A——两相接触面积,m^2;

p_A——气相主体 A 组分的平均分压,Pa;

p_{Ai}——相界面上 A 组分的平均分压,Pa;

c_A——液相主体 A 组分的平均浓度,$kmol/m^3$;

c_{Ai}——相界面上 A 组分的浓度,$kmol/m^3$;

k_g——以分压差为推动力的气膜传质系数,$kmol \cdot m^{-2} \cdot s^{-1} \cdot Pa^{-1}$;

k_l——以摩尔浓度差为推动力的液膜传质系数,m/s。

以分压或摩尔浓度表示气液两相传质总推动力的总传质速率方程则可分别表示为

$$N_A = K_G A(p_A - p_A^*) \tag{10-3}$$

$$N_A = K_L A(c_A^* - c_A) \tag{10-4}$$

式中:p_A^*——与液相主体 A 组分的平均浓度所对应的气相平衡分压,Pa;

c_A^*——与气相主体 A 组分的分压所对应的液相平衡浓度,$kmol/m^3$;

K_G——以气相分压表示总推动力的总传质系数或简称为气相传质总系数,$kmol \cdot m^{-2} \cdot s^{-1} \cdot Pa^{-1}$;

K_L——以液相浓度差表示总推动力的总传质系数,或简称为液相传质总系数,m/s。

若气液相平衡关系遵循亨利定律 $c_A = H p_A$，则

$$\frac{1}{K_G} = \frac{1}{k_g} + \frac{1}{H k_l} \tag{10-5}$$

$$\frac{1}{K_L} = \frac{H}{k_g} + \frac{1}{k_l} \tag{10-6}$$

式中：H——溶解度系数，$kmol/(m^3 \cdot kPa)$。

当气膜阻力远大于液膜阻力时，液膜阻力可以忽略，则相际传质过程受气膜传质速率控制，此时，$K_G \approx k_g$；反之，当液膜阻力远大于气膜阻力时，则相际传质过程受液膜传质速率控制，此时，$K_L \approx k_l$。

在逆流接触的填料塔内，任意截取一微元段作为衡算范围，则对吸收质 A 做物料衡算，可得

$$dG_A = \frac{F_L}{\rho_L} dc_A \tag{10-7}$$

式中：dG_A——该微元段传递的物质的量，$kmol/s$；

F_L——液相摩尔流率，$kmol/s$；

ρ_L——液相摩尔密度，$kmol/m^3$。

根据传质速率基本方程式，可写出该微元段的传质速率微分方程：

$$dG_A = K_L(c_A^* - c_A) aS dh \tag{10-8}$$

联立上两式可得

$$dh = \frac{F_L}{K_L aS \rho_L} \cdot \frac{dc_A}{c_A^* - c_A} \tag{10-9}$$

式中：h——填料层高度，m；

a——气液两相接触的比表面积，m^2/m^3；

S——填料塔的横截面积，m^2。

本实验采用水吸收混合气体中的 CO_2，因 CO_2 常温常压下在水中的溶解度较小，液相摩尔流率 F_L 和摩尔密度 ρ_L 的比值，亦即液相体积流率 $(V_s)_L$ 可视为定值。设 $K_L a$ 为液相总总体积吸收系数，在整个填料层内为一定值，则选取积分范围对式（10-9）积分，可得填料层高度 h 的计算公式：

当 $h=0$ 时，$c_A = c_{A2}$；当 $h=h$ 时，$c_A = c_{A1}$。

$$h = \frac{(V_s)_L}{K_L aS} \cdot \int_{c_{A2}}^{c_{A1}} \frac{dc_A}{c_A^* - c_A} \tag{10-10}$$

令 $H_L = \dfrac{(V_s)_L}{K_L aS}$，且称 H_L 为液相传质单元高度（HTU）。

令 $N_L = \displaystyle\int_{c_{A2}}^{c_{A1}} \frac{dc_A}{c_A^* - c_A}$，且称 N_L 为液相传质单元数（NTU）。

因此，填料层高度为传质单元高度与传质单元数之乘积，即

$$h = H_L \cdot N_L \tag{10-11}$$

若气液平衡关系遵循亨利定律，即平衡线为直线，则式（10-10）可采用下列对数平均

推动力法计算填料层的高度或液相传质单元数：

$$h = \frac{(V_s)_L}{K_L a S} \cdot \frac{c_{A1} - c_{A2}}{\Delta c_{Am}}$$ (10-12)

$$N_L = \frac{h}{H_L} = \frac{h}{\dfrac{(V_s)_L}{K_L a S}}$$

式中：Δc_{Am} 为对数平均推动力，即

$$\Delta c_{Am} = \frac{\Delta c_{A1} - \Delta c_{A2}}{\ln \dfrac{\Delta c_{A1}}{\Delta c_{A2}}} = = \frac{(c_{A1}^* - c_{A1}) - (c_{A2}^* - c_{A2})}{\ln \dfrac{c_{A1}^* - c_{A1}}{c_{A2}^* - c_{A2}}}$$ (10-13)

式中，$c_{A1}^* = H p_{A1} = H y_1 p_0$，$c_{A2}^* = H p_{A2} = H y_2 p_0$；$p_0$ 为大气压。

CO_2 的溶解度常数：

$$H = \frac{\rho_w}{M_w} \cdot \frac{1}{E}$$

式中：ρ_w——水的密度，kg/m^3；

M_w——水的摩尔质量，$kg/kmol$；

E——CO_2 在水中的亨利系数（见表 10-1），Pa。

表 10-1 不同温度的 CO_2 在水中的亨利系数

CO_2 的温度 $t/℃$	0	5	10	15	20	25	30	35	40	45	50	60
CO_2 的亨利系数 $E \times 10^{-5}/kPa$	0.738	0.888	1.05	1.24	1.44	1.66	1.88	2.12	2.36	2.60	2.87	3.46

因本实验采用的水和 CO_2 物系不仅遵循亨利定律，且气膜阻力可以不计，传质过程属液膜控制过程，则液膜体积吸收系数等于液相总体积吸收系数，亦即

$$k_l a = K_L a = \frac{(V_s)_L}{h S} \cdot \frac{c_{A1} - c_{A2}}{\Delta c_{Am}}$$ (10-14)

10.3 实 验 装 置

1. 实验装置简介

填料吸收塔实验装置主要由填料吸收塔和解吸塔组成（见图 10-2），另外还包括 U 形管压差计、旋涡气泵、离心泵、空气压缩机、转子流量计和 CO_2 钢瓶等。虚拟仿真实验画面见图 10-3。

2. 实验设备主要技术参数

填料塔：玻璃管内径 $D = 0.05 \ m$；塔高 $1.20 \ m$。

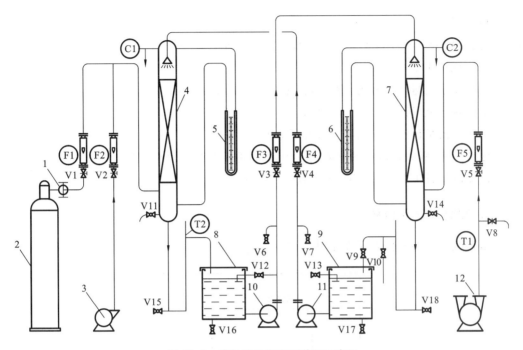

图 10-2　填料吸收塔实验装置示意图

1—减压阀；2—CO₂ 钢瓶；3—空气压缩机(吸收风机)；4—填料吸收塔；5、6—U 形管压差计；7—解吸塔；

8、9—水箱；10、11—离心泵；12—旋涡气泵(解吸风机)；F1—CO₂ 转子流量计；F2、F5—空气转子流量计；

F3、F4—水转子流量计；T1—空气温度；T2—吸收液温度；V1-V18—阀门；C1、C2—放空管

图 10-3　填料吸收塔虚拟仿真实验画面

填料层高度：$z_1 = 0.99$ m。

内装：12 mm×12 mm（直径×高度）陶瓷拉西环，风机型号为 XGB -12。

CO_2 钢瓶 1 个；减压阀 1 个。

CO_2 转子流量计型号为 LZB-6，流量范围为 $0.06 \sim 0.60$ m^3/h。

空气转子流量计型号为 LZB-10，流量范围为 $0.25 \sim 2.5$ m^3/h。

水转子流量计型号为 LZB-10，流量范围为 $16 \sim 160$ L/h。

浓度测量：吸收塔塔底液体浓度分析，准备好定量化学分析仪器。

温度测量：PT 100 铂电阻，用于测定测气相、液相温度。

3. 实验仪表面板图

填料吸收塔实验仪表面板如图 10-4 所示。

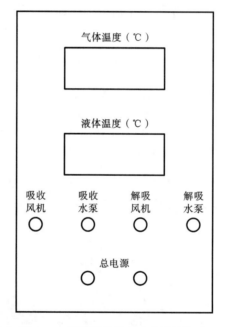

图 10-4　填料吸收塔实验仪表面板图

10.4　虚拟仿真实验操作步骤

1. 解吸塔流体力学性能测定

（1）打开总电源开关，关闭所有阀门。

（2）打开空气旁路调节阀 V8 至全开，启动旋涡气泵 12。

（3）打开空气转子流量计 F5 下的阀门 V5,逐渐关小阀门 V8 的开度,调节进塔的空气流量。

（4）待空气流量稳定后读取干填料层压强降 Δp 的数值（注意单位换算）,然后改变空气流量,从小到大测取 8～10 组数据,记录数据。

（5）启动离心泵 10,打开阀门 V3,调节水转子流量计 F3,将水流量分别固定在 60 L/h、100 L/h、140 L/h。

（6）采用与上述（3）相同的步骤调节空气流量,稳定后分别读取并记录填料层压强降 Δp、空气转子流量计 F5 读数和所显示的空气温度,操作中随时注意观察塔内的现象,一旦出现液泛,记下对应空气转子流量计读数。结束后关闭旋涡气泵 12,关闭阀门 V3、V5、V8,关闭离心泵 10,关闭总电源。绘制在不同喷淋量下的 $\frac{\Delta p}{z}$-u 关系曲线。

2. CO_2 吸收传质系数测定

（1）吸收塔与解吸塔均使用（水转子流量计 F3、F4 均控制在 40 L/h）。

（2）打开总电源。

（3）打开空气旁路调节阀 V8 至全开。

（4）启动离心泵 11,打开阀门 V4,调节水转子流量计 F4 流量在 40 L/h。

（5）打开 CO_2 钢瓶 2 顶上的总阀门,调节减压阀 1 到设定压力 0.2 MPa,打开 CO_2 气体转子流量计 F1,控制 CO_2 流量在 0.2 m^3/h 左右。

（6）启动空气压缩机 3,调节空气转子流量计 F2 的阀门 V2,控制空气流量在 0.5 m^3/h 左右,向吸收塔内通入 CO_2 和空气的混合气体。

（7）启动离心泵 10,打开阀门 V3,调节转子流量计 F3 流量在 40 L/h。启动旋涡气泵 12,打开阀门 V5,利用空气旁路调节阀 V8 调节空气转子流量计 F5 在 0.5 m^3/h,对解吸塔中的吸收液进行解吸。

（8）操作达到稳定状态之后,记录气相温度、液相温度,记录塔顶、底溶液中 CO_2 的含量（CO_2 含量在 2D 画面上读取）。

（9）关停旋涡气泵 12,关闭所有阀门,停离心泵 10,关闭总电源。

注:实验时注意吸收塔水转子流量计和解吸塔水转子流量计的数值要一致,两个流量计要及时调节,以保证实验时操作条件不变。

10.5 实验操作步骤

1. 实验前准备工作

（1）水箱 8 和水箱 9 灌满水,打开总电源。

（2）准备好 10 ml 移液管、100 ml 的三角瓶、酸式滴定管、洗耳球、0.1 mol/L 左右的盐酸标准溶液、0.1 mol/L 左右的 $Ba(OH)_2$ 标准溶液和酚酞等化学分析仪器和试剂备用。

2. 解吸塔流体力学性能测定（干填料）

（1）打开空气旁路调节阀 V8 至全开，启动旋涡气泵 12。打开空气转子流量计 F5 下的阀门 V5，逐渐关小阀门 V8 的开度，调节进塔的空气流量。

（2）稳定后读取填料层压强降 Δp 即 U 形管液柱压差计 6 的数值、空气转子流量计读数，然后改变空气流量从小到大测取 6～10 组数据。

3. 解吸塔流体力学性能测定（一定喷淋量下）

（1）启动离心泵 10，打开阀门 V3，调节水转子流量计 F3 固定在 140 L/h 左右（水流量大小可根据设备调整）。

（2）与干填料层流体力学性能测定的步骤相同，调节进塔的空气流量，稳定后分别读取并记录填料层压强降 Δp、空气转子流量计读数及所显示的空气温度，改变空气流量从小到大共测取 6～10 组数据。操作中随时注意观察塔内现象，一旦出现液泛，立即记下对应空气转子流量计 F5 读数。

（3）根据实验数据在对数坐标纸上绘制出干填料层与液体喷淋量为 140 L/h 时的 $\frac{\Delta p}{z}$-u 关系曲线，并在图上确定液泛气速，与观察到的液泛气速相比较，看是否吻合。

（4）停旋涡气泵 12，关闭所有阀门，停离心泵 10。

4. CO_2 吸收传质系数测定（只做吸收塔）

（1）首先检查关闭所有阀门。

（2）启动离心泵 11，打开阀门 V4，将吸收液的转子流量计 F4 调节到 60 L/h，待有水从吸收塔顶喷淋而下，从吸收塔底的 π 形管尾部流出后，启动空气压缩机 3；打开阀门 V2，调节转子流量计 F2 到指定流量；同时打开 CO_2 钢瓶 2 的总阀门，调节 CO_2 钢瓶减压阀 1，设定压力为 0.2 MPa，打开阀门 V1，调节 CO_2 转子流量计 F1，使 CO_2 与空气的比例为 30％～40％。

（3）吸收进行 15 min 并操作达到稳定状态之后，读取塔底吸收液的温度，同时在塔顶和塔底取液相样品并测定吸收塔顶、塔底溶液中 CO_2 的含量。取样结束后关闭阀门 V4、V1 和 V2，关闭离心泵 11 和空气压缩机 3、减压阀 1、CO_2 钢瓶 2 的总阀门，停止实验。

（4）溶液 CO_2 含量测定：用移液管吸取 0.1 mol/L 左右的 $Ba(OH)_2$ 标准溶液 10 ml 放入三角瓶中，并从取样口处取塔顶、塔底溶液各 20 ml，用胶塞塞好振荡。溶液中加入 2～3 滴酚酞指示剂摇匀，用 0.1 mol/L 左右的盐酸标准溶液滴定到粉红色消失为止。

按下式计算得出溶液中 CO_2 浓度：

$$c_{CO_2} = \frac{2c_{Ba(OH)_2}V_{Ba(OH)_2} - c_{HCl}V_{HCl}}{2V_{溶液}} \ (mol/L)$$

实验注意事项

（1）开启 CO_2 钢瓶总阀门前，要先关闭减压阀，总阀门开度不宜过大。

（2）分析 CO_2 浓度操作时动作要迅速，以免 CO_2 从液体中溢出导致结果不准确。

（3）旋涡气泵开启前需将其出口空气旁路调节阀全开，停泵后再关闭其进出口阀门。

10.6　实验报告

（1）在对实验数据进行分析处理后，在对数坐标纸上以空塔气速 u 为横坐标，单位高度的压强降 $\frac{\Delta p}{z}$ 为纵坐标，绘制填料层的 $\frac{\Delta p}{z}$-u 关系曲线，并读取在实验条件 140 L/h 下的液泛气速。

（2）固定液相流量和入塔混合气 CO_2 的浓度，在液泛速度以下，分别测量和计算塔的传质能力（传质单元数和回收率）和传质效率（传质单元高度和体积吸收系数）。

思考题

（1）比较干填料和湿填料压强降的特点。

（2）体积吸收系数的测定方法和影响因素是什么？

附录　实验数据分析举例

1. 解吸塔流体力学性能测定

下面在干填料下对表 10-2 中第 1 组数据进行计算。

表 10-2　填料塔流体力学性能测定实验数据表(干填料)

$L=0$；　填料层高度 $z=0.99$ m；　塔径 $D=0.05$ m

序号	填料层压强降 /mmH₂O	单位高度填料层 压强降/(mmH₂O/m)	空气转子流量计 读数/(m³/h)	空塔气速 /(m/s)
1	1	1.0	0.5	0.07
2	2	2.0	0.8	0.11
3	4	4.0	1.1	0.16
4	6	6.1	1.4	0.20
5	8	8.1	1.7	0.24
6	10	10.1	2	0.28
7	13	13.1	2.3	0.33
8	17	17.2	2.5	0.35

空气转子流量计读数为 0.5 m³/h,填料层压强降读数为 1 mmH₂O,则空塔气速

$$u=\frac{V}{3600\times\frac{\pi}{4}\times D^2}=\frac{0.5}{3600\times\frac{\pi}{4}\times 0.05^2}=0.07\ (\text{m/s})$$

单位填料层压强降

$$\frac{\Delta p}{z}==\frac{1}{0.99}=1.0\ (\text{mmH}_2\text{O/m})$$

以同样方法处理在湿填料下表 10-3 中的数据,并与表 10-2 中的数据一起,在对数坐标纸上以空塔气速 u 为横坐标,$\frac{\Delta p}{z}$ 为纵坐标作图,绘制 $\frac{\Delta p}{z}$-u 关系曲线。

从表 10-3 可知,当喷淋量为 140 L/h 时,载点为 0.24 m/s,泛点为 0.27 m/s。

2. CO_2 吸收传质系数测定

下面以表 10-4 中数据为例进行计算。

表 10-3　填料塔流体力学性能测定实验数据表(湿填料)

L=140 L/h；　填料层高度 z=0.95 m；　塔径 D=0.05 m

序号	填料层压强降 /mmH₂O	单位高度填料层压强降/(mmH₂O/m)	空气转子流量计读数/(m³/h)	空塔气速/(m/s)	操作现象
1	6	6.1	0.50	0.07	正常
2	12	12.1	0.80	0.11	正常
3	20	20.2	1.10	0.16	正常
4	31	31.3	1.30	0.18	正常
5	58	58.6	1.50	0.21	正常
6	85	85.9	1.70	0.24	积液
7	120	121.2	1.80	0.25	积液
8	160	161.6	1.90	0.27	液泛
9	210	212.1	2.00	0.28	液泛

表 10-4　CO_2 体积吸收系数测定实验数据表

被吸收的气体:混合气体中 CO_2；　吸收剂:水；　塔径 D=0.05 m

序号	名称	实验数据
1	填料种类	陶瓷拉西环
2	填料层高度/m	0.99
3	CO_2 转子流量计读数/(m³/h)	0.3
4	CO_2 实际体积流量/(m³/h)	0.242
5	空气转子流量计处温度/℃	25
6	空气转子流量计读数/(m³/h)	0.7
7	水转子流量计读数/(L/h)	60.0
8	中和 CO_2 用 Ba(OH)₂ 的浓度/(mol/L)	0.0972
9	中和 CO_2 用 Ba(OH)₂ 的体积/ml	10
10	滴定用盐酸的浓度/(mol/L)	0.108
11	滴定塔底吸收液用盐酸的体积/ml	15.6
12	滴定塔顶空白液用盐酸的体积/ml	17.9
13	样品的体积/ml	20
14	塔底吸收液温度/℃	25.0
15	亨利常数 $E×10^{-5}$/kPa	1.66
16	塔底液相浓度 c_{A1}/(kmol/m³)	0.00648

续表

	被吸收的气体:混合气体中 CO_2；　吸收剂:水；　塔径 $D=0.05$ m		
序号	名称		实验数据
17	塔顶空白液相浓度 c_{A2}/(kmol/m³)		0.00027
18	CO_2 溶解度常数 $H\times10^7$/(kmol/(m³·Pa))		3.347
19	混合气浓度 y_1		0.257
20	平衡浓度 $c_{A1}{}^*$/(kmol/m³)		0.0087
21	吸收尾气浓度 y_2		0.245
22	平衡浓度 $c_{A2}{}^*$/(kmol/m³)		0.0083
23	平均推动力 Δc_{Am}/(kmol/m³)		0.0045
24	液相总体积吸收系数 $K_L a$/(s⁻¹)		0.012
25	吸收率/(%)		4.67

（1）混合气浓度 y_1 的计算

CO_2 转子流量计读数为 $V_{CO_2}=0.3$ (m³/h)；

空气转子流量计读数为 $V_{Air}=0.7$ (m³/h)。

查取标准状态下空气的密度为 1.204 kg/m³，CO_2 的密度为 1.85 kg/m³，则
CO_2 实际流量

$$V_{CO_2,实}=\sqrt{\frac{\rho_{空气}}{\rho_{CO_2}}}\times V_{CO_2}=\sqrt{\frac{1.204}{1.85}}\times0.3=0.242\ (m³/h)$$

空气转子流量计温度读数为 25 ℃，与出厂标定温度接近，空气流量校正可以忽略
不计。

$$y_1=\frac{V_{CO_2,实}}{V_{CO_2,实}+V_{Air}}=\frac{0.242}{0.242+0.7}=0.257$$

（2）c_{A1}、c_{A2} 的计算

已知 $c_{Ba(OH)_2}=0.0972$ mol/L，$V_{Ba(OH)_2}=10$ ml，$c_{HCl}=0.108$ mol/L，滴定塔底吸收液
用盐酸的体积 $V_{HCl}=15.6$ ml，塔底吸收液分析结果为

$$c_{A1}=\frac{2c_{Ba(OH)_2}V_{Ba(OH)_2}-c_{HCl}V_{HCl}}{2V_{溶液}}=\frac{2\times0.0972\times10-0.108\times15.6}{2\times20}$$

$$=0.00648\ (kmol/m³)$$

滴定塔顶空白吸收液用盐酸的体积 $V_{HCl}=17.9$ ml，塔顶空白吸收液分析结果为

$$c_{A2}=\frac{2\times0.0972\times10-0.108\times17.9}{2\times20}=0.00027\ (kmol/m³)$$

（3）吸收尾气浓度 y_2 的计算

液相流量 $L=60$ L/h$=0.06$ m³/h；

气相流量 $V_{Air}=0.7$ m³/h$=0.7/22.4$ kmol/h$=0.03125$ kmol/h。

$$L(c_{A1} - c_{A2}) = V_{Air}(y_1 - y_2)$$

$$y_2 = y_1 - \frac{L(c_{A1} - c_{A2})}{V_{Air}} = 0.257 - \frac{0.06 \times (0.00648 - 0.00027)}{0.03125} = 0.245$$

吸收率为

$$\frac{y_1 - y_2}{y_1} = \frac{0.257 - 0.245}{0.257} = 0.0467$$

（4）c_{A1}^*、c_{A2}^* 的计算

塔底吸收液温度读数为 $t = 25.0\ ℃$，查表 10-1 得 CO_2 亨利系数为 $E = 1.66 \times 10^8\ Pa$，则 CO_2 的溶解度常数为

$$H = \frac{\rho_w}{M_w} \cdot \frac{1}{E} = \frac{1000}{18} \times \frac{1}{1.66 \times 10^8} = 3.347 \times 10^{-7}\ (kmol/(m^3 \cdot Pa))$$

则塔顶和塔底的平衡浓度为

$$c_{A1}^* = H p_{A1} = H y_1 p_0 = 3.347 \times 10^{-7} \times 0.257 \times 101325 = 0.0087\ (kmol/m^3)$$

$$c_{A2}^* = H p_{A2} = H y_2 p_0 = 3.347 \times 10^{-7} \times 0.245 \times 101325 = 0.0083\ (kmol/m^3)$$

（5）Δc_{Am} 的计算

$$\Delta c_{A1} = c_{A1}^* - c_{A1} = 0.0087 - 0.00648 = 0.0022\ (kmol/m^3)$$

$$\Delta c_{A2} = c_{A2}^* - c_{A2} = 0.0083 - 0.00027 = 0.0080\ (kmol/m^3)$$

液相平均推动力 Δc_{Am} 为

$$\Delta c_{Am} = \frac{\Delta c_{A1} - \Delta c_{A2}}{\ln \dfrac{\Delta c_{A1}}{\Delta c_{A2}}} = \frac{0.0022 - 0.0080}{\ln \dfrac{0.0022}{0.0080}} = 0.0045\ (kmol/m^3)$$

（6）$K_L a$ 的计算

因本实验采用的物系遵循亨利定律，气膜阻力可以忽略不计，传质过程属液膜控制，则液膜体积吸收系数等于液相总体积吸收系数。

水转子流量计读数为 $L = 60\ (L/h)$，则

$$k_1 a = K_L a = \frac{(V_s)_L}{hS} \cdot \frac{c_{A1} - c_{A2}}{\Delta c_{Am}} = \frac{\dfrac{60 \times 10^{-3}}{3600}}{0.99 \times 3.14 \times \dfrac{0.05^2}{4}} \times \frac{0.00648 - 0.00027}{0.0045}$$

$$= 0.012\ (s^{-1})$$

第 11 章

筛板精馏塔实验

11. 1 实 验 目 的

（1）了解筛板精馏塔的结构和操作方法，观察气液两相接触时传质传热的现象，通过改变回流比，比较塔顶塔釜产品的纯度和分离效果，思考和分析塔操作因素改变对分离效果的影响。

（2）掌握筛板精馏塔全塔效率和理论塔板数的测试方法。

11. 2 实 验 原 理

筛板精馏塔中偏离平衡的汽液两相在塔板上接触并进行传质传热，当离开该板的汽液两相达到相平衡时，则此塔板称为理论塔板。而在实际操作中，由于塔板上汽液接触时间有限及相间返混等各种因素的影响，使汽液尚未达到平衡即离开了塔板，亦即一块实际塔板的分离效果达不到理论塔板的分离效果，因此，实际塔板数比理论塔板数要多。对于二元物系，如已知其汽液相平衡数据，则根据精馏塔的进料组成 x_F、进料热状况参数 q、回流比 R、塔顶馏出液组成 x_D 及塔釜液组成 x_w 可得到精馏段操作线方程、提馏段操作线方程、q 线方程，从而通过图解法可求出该塔的理论板数 N_T（不包括塔釜），然后按照式（11-1）可以得到全塔效率 η，

$$\eta = \frac{N_T}{N} \times 100\% \tag{11-1}$$

式中，N 为实际塔板数。

部分回流时,进料热状况参数 q 的计算式为

$$q = \frac{c_{pm}(t_{BP} - t_F) + r_m}{r_m} \tag{11-2}$$

式中:t_F——进料温度,℃;

t_{BP}——进料的泡点温度,℃;

c_{pm}——进料液体在平均温度$(t_F + t_{BP})/2$ 下的比热,kJ/(kg·℃);

r_m——进料液体在其组成和泡点温度下的汽化潜热,kJ/kg。

$$c_{pm} = c_{p1}M_1 x_1 + c_{p2}M_2 x_2 \tag{11-3}$$

$$r_m = r_1 M_1 x_1 + r_2 M_2 x_2 \tag{11-4}$$

式中:c_{p1},c_{p2}——分别为纯组分 A 和组分 B 在平均温度下比热,kJ/(kg·℃);

r_1,r_2——分别为纯组分 A 和组分 B 在泡点温度下的汽化潜热,kJ/kg;

M_1,M_2——分别为纯组分 A 和组分 B 的摩尔质量,kg/kmol;

x_1,x_2——分别为纯组分 A 和组分 B 在进料中的摩尔分率。

11.3　实 验 装 置

1. 实验装置简介

由筛板精馏塔、冷凝器、回流比控制器、进料泵、原料罐、各种阀门和转子流量计组成,如图 11-1 所示,其虚拟仿真画面见图 11-2。

2. 实验设备主要技术参数

筛板精馏塔实验设备主要技术参数见表 11-1。

表 11-1　筛板精馏塔实验设备主要技术参数

名称	直径 /mm	高度 /mm	板间距 /mm	板数 /块	板型、孔径 /mm	降液管 /mm	材质
塔体	50	1000	100	9	筛板、2.0	$\phi 8 \times 1.5$	不锈钢
塔釜	96	300					不锈钢
塔顶冷凝器	50	300					不锈钢
塔釜冷凝器	50	300					不锈钢

3. 实验仪器及试剂

(1)实验物系:乙醇-水(实验);乙醇-正丙醇(虚拟仿真实验)。

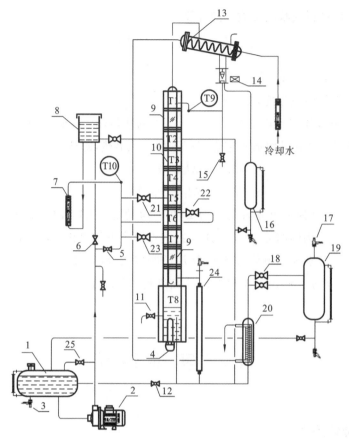

图 11-1　筛板精馏塔实验装置示意图

1—原料罐；2—进料泵；3—放料阀；4—加热器；5—直接进料阀；6—间接进料阀；7—转子流量计；

8—高位槽；9—玻璃观察段；10—筛板精馏塔；11—塔釜采样阀；12—釜液放空阀；13—冷凝器；

14—回流比控制器；15—塔顶采样阀；16—塔顶液回收罐；17—放空阀；18—电磁阀；19—塔釜储料罐；

20—冷凝器；21—第五块板进料阀；22—第六块板进料阀；23—第七块板进料阀；24—液位计；25—料液循环阀

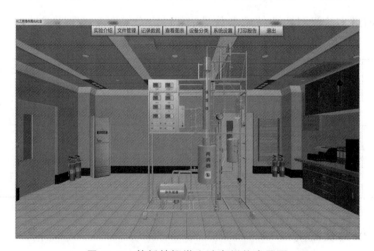

图 11-2　筛板精馏塔实验虚拟仿真画面

（2）实验物系纯度要求:化学纯或分析纯。

（3）虚拟仿真物系:乙醇-正丙醇的相平衡关系见表 11-2;实验物系乙醇-水的相平衡关系要自查。

表 11-2　乙醇-正丙醇 t-x-y 关系

t/℃	97.60	93.85	92.66	91.60	88.32	86.25	84.98	84.13	83.06	80.50	78.38
x	0	0.126	0.188	0.210	0.358	0.461	0.546	0.600	0.663	0.884	1.0
y	0	0.240	0.318	0.349	0.550	0.650	0.711	0.760	0.799	0.914	1.0

注:乙醇沸点为 78.3 ℃,正丙醇沸点为 97.2 ℃;以乙醇摩尔分率表示,x 表示液相,y 表示气相。

（4）实验物系浓度要求:原料为 15％～25％(乙醇质量百分数),进料与产品的乙醇浓度用酒精计测试。

4. 实验仪表面板图

精馏设备仪表面板如图 11-3 所示。

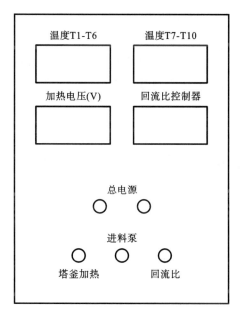

图 11-3　精馏设备仪表面板图

T1—塔顶温度;T2—第三块板温度;T3—第四块板温度;T4—第五块板温度;T5—第六块板温度;
T6—第七块板温度;T7—第八块板温度;T8—塔釜液相温度;T9—回流液温度;T10—进料温度

5. 特殊说明

（1）回流比控制器

回流比控制器关时默认为全回流。回流比设定:打开回流比控制器开关,回流比仪表面板 SV 显示窗前两位数值为回流时间,后两位数值为采出时间,二者比值为回流比,见图 11-4。

图 11-4　回流比控制仪表面板图

回流比设定为 4 的方法如下：在回流比控制仪表打开的情况下，按一下控制仪表上 ◄ 键，SV 显示窗中最后一位数字开始闪烁，按 ▲ 键使闪烁数字数值为 1，继续按 ◄ 键使闪烁数字向左移动直至第二位数字闪烁，▲ 键使闪烁数字数值加至为 4，调好后按 ↻ 确认，仪表按所设定的数值应用。

（2）塔釜液位控制

当塔釜液位超过规定的 60% 后，塔釜电磁阀 18 自动打开，向塔釜储料罐出料；当塔釜液位低于规定的 35% 后，需要停止塔釜加热。

11.4　虚拟仿真实验操作步骤

1. 全回流操作

（1）检查关闭所有阀门，打开总电源。

（2）打开塔顶冷凝器 13 进水阀门（阀门开度设置为 50%），将冷却水的流量控制在 60 L/h 左右。

（3）打开塔釜加热开关，调节设定塔釜加热电压约为 130 V。

（4）观察塔内各块塔板的温度直至各塔板及回流温度稳定，在全回流情况下稳定 15 min 左右，然后分别记录塔顶、塔釜样品浓度。

2. 部分回流操作

（1）保持全回流操作。

（2）打开进料泵 2 开关。

（3）打开料液循环阀 25，使部分原料回流。

（4）打开间接进料阀 6，调节转子流量计 7 以 2.0～3.0 L/h 的流量向塔内加料，分别打开第五块塔板进料阀 21、第六块塔板进料阀 22、第七块塔板进料阀 23（开度 100% 左右），以比较采用不同进料板进料的分离效果。

（5）打开回流比控制器 14 开关，调节设定回流比为 $R=4$（在仪表面板上输入前两位数值为回流时间 04，后两位数值为采出时间 01）。

（6）打开塔釜加热开关，调节设定塔釜加热电压约为 130 V。

（7）待各塔板温度稳定后，记录进料塔顶、塔釜样品的浓度。

（9）调节回流比控制器 14，使回流比为 R＝6，重复步骤（6）～（8），与 $R=4$ 的分离结果比较并分析。

3. 结束实验

（1）记录好实验数据并检查无误后停止实验，关闭所有进料阀和塔釜加热开关，关闭回流比控制器 14 的开关，停止进料泵 2。

（2）关闭冷却水，关闭总电源。

11.5　实验操作步骤

1. 实验前检查准备工作

（1）检查实验装置上的各阀门，保证它们均应处于关闭状态。

（2）配制一定浓度（质量浓度 20% 左右）的乙醇-水混合液（总容量 15 L 左右），加入原料罐，用酒精计分析其浓度，并测量原料液的温度。

（3）启动进料泵 2，之后打开直接进样阀 5，以及第五块板进料阀 21，向塔釜内加料到指定高度（液位计液面在塔釜总高 2/3 处），而后关闭直接进样阀 5、第五块板进料阀 21，停止进料泵 2。

2. 全回流操作

（1）打开塔顶冷凝器 13 的进水阀，将冷却水的流量控制在 60 L/h 左右。

（2）记录室温，接通总电源开关。

（3）调节仪表板上塔釜加热电压约为 130 V，待塔板上建立液层后再适当加大电压，观察塔内现象并维持正常操作。

（4）从看窗内观察塔内气液两相鼓泡传质情况，当各块塔板上鼓泡均匀，塔内可测量的塔板温度及回流温度稳定 15 min 左右，分别打开塔顶、塔釜采样阀 15、11，用量筒同时取样，冷却后通过酒精计分析样品浓度，注意使用酒精计时需要同时测量样品温度，并自查酒精计温度浓度表,将酒精计读数换算成质量百分数记录。

3. 部分回流操作

(1) 在全回流状态下,启动进料泵 2,打开间接进料阀 6,第五块板进料阀 21,控制进料转子流量计 7 以 2.0~3.0 L/h 的流量向塔内进料,用回流比控制器 14 调节回流比为 $R=4$,馏出液收集在塔顶产品回收罐中。

(2) 塔釜产品超出规定液位会自动打开电磁阀 18,收集在塔釜储料罐 19 内,实验过程时刻注意观察液位计 24,防止发生塔釜液位过低干烧,当塔釜液位低于液位计的 35 % 时,需要关闭塔釜加热开关。

(3) 从看窗观察塔板上气液两相传质状况并记录,待操作稳定 15 min 后,记录进料量、回流比、塔顶温度 $T1$、塔釜液相温度 $T8$,整个操作中维持进料转子流量计 7 读数不变,打开塔顶、塔釜采样阀 15、11 同时采样,冷却后测温并分别用酒精计读数然后换算出浓度。

4. 实验结束

(1) 关闭所有进料阀和塔釜加热开关,关闭回流比控制器 14 开关,停止进料泵 2。
(2) 停止加热后 10 min 再关闭冷却水,关闭所有电源。

 实验注意事项

(1) 操作过程中塔釜加热的电压不能过大,需随时观察看窗内气液两相传质情况,如出现液泛需立即关闭塔釜加热开关,待正常后再重新打开。

(2) 实验开始前要先接通冷却水,再向塔釜供热,结束实验时则要先关闭塔釜加热开关。

(3) 使用酒精计分析样品浓度。读取酒精计读数时,一定要同时记录产品温度。

(4) 为了便于对全回流和部分回流的实验结果(塔顶产品质量)进行比较,应尽量使两组实验的加热电压及所用料液浓度相同或相近。连续进行实验时,应将前一次实验时留存在塔釜、塔釜储料罐 19 和塔顶液回收罐 16 的产品放回原料罐 1 中循环使用。

11.6 实验报告

(1) 对实验物系乙醇-水的全回流和部分回流的实验结果进行比较并分析,并采用图解法得到稳定操作后的全塔理论塔板数和全塔效率。

(2) 比较与分析虚拟仿真实验回流比分别为 4、6 的实验结果以及在不同进料板进料的实验结果。

实验数据记录表见表 11-3,请认真填写。

表 11-3　精馏实验数据记录表

实际塔板数:9;实验物系:乙醇-水混合液 T1:_____ ℃ T8:_____ ℃	全回流:$R=\infty$		部分回流:$R=4$ 进料量:_____ L/h 进料温度:_____ ℃		
	塔顶产品	塔釜产品	塔顶产品	塔釜产品	进料产品
酒精计读数					
质量分率					
摩尔浓度					

思考题

(1) 影响筛板塔全塔效率的因素有哪些?

(2) 将筛板精馏塔加高能否得到无水酒精? 请说明原因。

(3) 请分析回流比对塔顶和塔釜产品浓度的影响,操作中有哪些措施可以加大回流比? 利弊如何?

附录　实验数据分析举例

1. 全回流下

以表 11-4 中全回流下的实验数据进行计算。

表 11-4　精馏虚拟仿真实验数据表

实际塔板数:9 实验物系:乙醇-正丙醇混合液	全回流:R=∞		部分回流:R=4 进料量:2 L/h 进料温度:30.4 ℃		
	塔顶产品	塔釜产品	塔顶产品	塔釜产品	进料产品
摩尔浓度	0.877	0.209	0.781	0.144	0.280

塔顶、塔釜产品乙醇的摩尔浓度分别为 $x_D=0.877,x_W=0.209$。

根据表 11-2 中 y-x 数据绘制平衡线,全回流下的操作线为对角线。如图 11-5 所示,在平衡线和操作线之间画梯级求出梯级数为 4.53(包括塔釜),由于塔釜也被看作一块理论板,减去塔釜后理论塔板数为 3.53,故全塔效率为

$$\eta=\frac{N_T}{N}\times100\%=\frac{3.53}{9}\times100\%=39\%$$

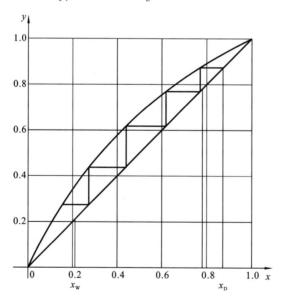

图 11-5　全回流下图解法求理论塔板数

2. 部分回流($R=4$)

以表 11-4 中部分回流($R=4$)下的数据进行计算。

塔顶、塔釜和进料的乙醇摩尔浓度分别为

$$x_D=0.781,\quad x_W=0.144,\quad x_F=0.280$$

进料温度为 $t_F=30.4$（℃）。

根据表 11-2 中的相平衡数据绘制相图,可读取当进料浓度为 $x_F=0.280$ 时,$t_{BP}=90.27$（℃）。

查取乙醇和正丙醇比热和汽化潜热数据,得:

乙醇在 60.3 ℃下的比热 $c_{p1}=3.08$(kJ/(kg · ℃));

正丙醇在 60.3 ℃下的比热 $c_{p2}=2.89$(kJ/(kg · ℃));

乙醇在 90.27 ℃下的汽化潜热 $r_1=821$（kJ/kg）;

正丙醇在 90.27 ℃下的汽化潜热 $r_2=684$（kJ/kg）,

则混合液体比热

$$\begin{aligned}c_{pm}&=c_{p1}M_1x_1+c_{p2}M_2x_2\\&=3.08\times46\times0.280+2.89\times60\times(1-0.280)\\&=164.52\ (\text{kJ}/(\text{kmol}\cdot ℃))\end{aligned}$$

混合液体汽化潜热

$$\begin{aligned}r_m&=r_1M_1x_1+r_2M_2x_2\\&=821\times46\times0.280+684\times60\times(1-0.280)\\&=40123.28\ (\text{kJ}/\text{kmol})\end{aligned}$$

$$\begin{aligned}q&=\frac{c_{pm}\times(t_{BP}-t_F)+r_m}{r_m}\\&=\frac{164.52\times(90.27-30.4)+40123.28}{40123.28}\\&=1.25\end{aligned}$$

q 线斜率

$$k=\frac{q}{q-1}=\frac{1.25}{1.25-1}=5.00$$

如图 11-6 所示,在平衡线和精馏段操作线、提馏段操作线以及 q 线之间采用梯级图解法,得到梯级数为 6.01(包括塔釜),减去塔釜后理论塔板数为 5.01,故全塔效率为

$$\eta=\frac{N_T}{N}\times100\%=\frac{5.01}{9}\times100\%=56\%$$

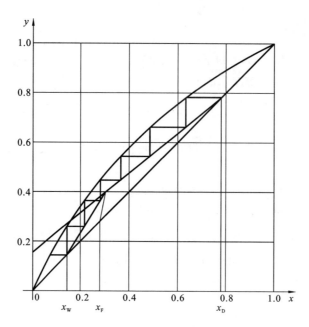

图 11-6　部分回流下图解法求理论塔板数

第 12 章

洞道干燥实验

12.1 实 验 目 的

（1）掌握干燥曲线和干燥速率曲线的测定方法。

（2）通过实验加深对物料临界含水量 X_c 的概念及其影响因素的理解。

（3）理解恒速干燥阶段湿物料表面与热空气之间对流传热膜系数的测定方法。

（4）学会用误差分析方法对实验结果进行误差估算。

12.2 实 验 原 理

当湿物料（含水）与干燥介质（热热空气）接触时,物料表面的水分开始汽化,并向热空气传递。根据传递特点,干燥过程可分为两个阶段。

第一阶段为恒速干燥阶段。干燥过程开始时,由于整个物料湿含量较大,物料表面保持润湿,表面有充分的非结合水,此时汽化的就是非结合水分,干燥速率由物料表面水分的汽化速率所控制,为表面汽化控制阶段。这个阶段中,热空气传给物料的热量全部用于水分的汽化,物料表面温度维持恒定（等于热空气湿球温度 t_w）,干燥速率恒定不变,故称为恒速干燥阶段。

第二阶段为降速干燥阶段。当物料含水量达到临界含水量 X_c 后,便进入降速干燥阶段,此时物料中所含水分较少,物料水分由内部向表面迁移的速率小于表面汽化速率,物料表面逐渐变干,被汽化的水分是结合水分与非结合水分,干燥速率由水分在物料内部的传递速率所控制,为内部迁移控制阶段。这个阶段中,热空气传递的热量部分用于加热物料,物料温度逐渐升高;随着物料含水量逐渐减少,物料内部水分的迁移速率逐渐降低,干燥速率不断下降,故称为降速干燥阶段。

恒速段干燥速率和临界含水量的影响因素主要有湿物料的性质、厚度或颗粒大小、热空气状态,以及热空气与固体湿物料间的相对运动方式等。本实验采用在恒定干燥条件下对湿物料进行干燥,测绘干燥曲线和干燥速率曲线,其目的是掌握恒速段干燥速率和临界含水量的测定方法及其影响因素。

1. 干燥速率

干燥速率可采用下式计算:

$$U = \frac{\Delta W}{S \Delta \tau} \approx \frac{dW}{S d\tau} \qquad (12\text{-}1)$$

式中:U——干燥速率,kg/(m²·h);

S——干燥面积,m²;

$\Delta \tau$——时间间隔,h;

ΔW——时间间隔内干燥汽化的水分的量,kg。

2. 湿物料干基含水量

湿物料干基含水量可用下式计算:

$$X = \frac{G - G_c}{G_c} \qquad (12\text{-}2)$$

式中:X——湿物料干基含水量,kg 水/kg 绝干物料;

G——固体湿物料的量,kg;

G_c——绝干物料量,kg。

3. 恒速干燥阶段对流传热膜系数的测定

恒速干燥阶段的干燥速度和对流传热膜系数分别采用下面两式计算:

$$U_c = \frac{dW}{S d\tau} = \frac{dQ}{r_{t_w} S d\tau} = \frac{\alpha(t - t_w)}{r_{t_w}} \qquad (12\text{-}3)$$

$$\alpha = \frac{U_c r_{t_w}}{t - t_w} \qquad (12\text{-}4)$$

式中:α——恒速干燥阶段湿物料表面与热空气之间的对流传热膜系数,W/(m²·℃);

U_c——恒速干燥阶段的干燥速率,kg/(m²·s);

t_w——干燥器内热空气的湿球温度,℃;

t——干燥器内热空气的干球温度,℃;

r_{t_w}——t_w 下水的汽化热,J/kg。

该值为实验测定值,α 的计算值可用下面的对流传热系数关联式估算:

$$\alpha = 0.0143 G^{0.8} \tag{12-5}$$

式中：G——热空气的质量流速，$kg/(m^2 \cdot s)$。

应用条件：湿物料静止，热空气流动方向平行于湿物料表面。

G 的范围为 $0.7 \sim 8.5$ $kg/(m^2 \cdot s)$，热空气温度为 $45 \sim 150$ ℃。

热空气的质量流速 G 可通过孔板流量计与压差计来测量算出：

$$G = V_t \rho_t / A \tag{12-6}$$

式中：V_t——干燥器内热空气实际流量，m^3/s；

ρ_t——常压下干燥器干球温度 t 时空气的密度，kg/m^3；

A——干燥器的通道面积，m^2；

t——干燥器内热空气的干球温度，℃。

4. 干燥器内热空气实际体积流量 V_t 的计算

由孔板流量计的流量公式和理想气体的状态方程式可得

$$V_t = \frac{273+t}{273+t_0} V_{t_0} \tag{12-7}$$

式中：t_0——孔板流量计处空气的温度，℃；

V_{t_0}——常压下温度 t_0 时空气的流量，m^3/s。

$$V_{t_0} = C_0 A_0 \sqrt{\frac{2\Delta p}{\rho}} \tag{12-8}$$

$$A_0 = \frac{\pi}{4} d_0^2 \tag{12-9}$$

式中：C_0——孔板流量计流量系数，$C_0 = 0.65$；

d_0——节流孔开孔直径，$d_0 = 0.035$ m；

A_0——节流孔开孔面积，m^2；

Δp——节流孔上下游两侧压力差，Pa；

ρ——常压下孔板流量计处温度 t_0 时空气的密度，kg/m^3。

12.3　实　验　装　置

1. 实验装置简介

洞道干燥实验装置示意图如图 12-1 所示，包括洞道干燥器、风机、孔板流量计、重量传感器、湿球温度计等，其虚拟仿真画面如图 12-2 所示。

2. 实验仪表面板图

洞道干燥实验仪表面板如图 12-3 所示。

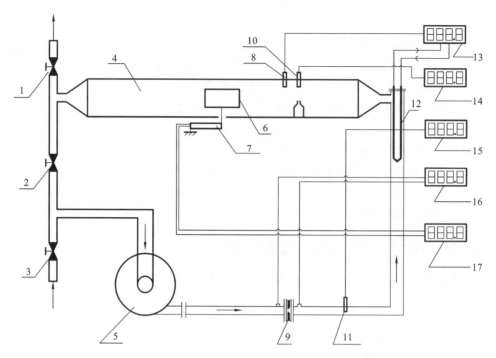

图 12-1 洞道干燥实验装置示意图

1—废气排出阀;2—废气循环阀;3—空气进气阀;4—洞道干燥器;5—风机;6—湿物料;7—重量传感器;
8—干球温度计;9—孔板流量计;10—湿球温度计;11—空气进口温度计;12—加热器;13—干球温度显示控制仪表;
14—湿球温度显示仪表;15—空气进口温度显示仪表;16—流量压差显示仪表;17—重量显示仪表

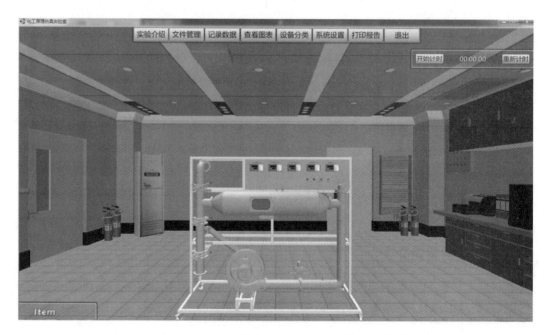

图 12-2 洞道干燥实验虚拟仿真画面

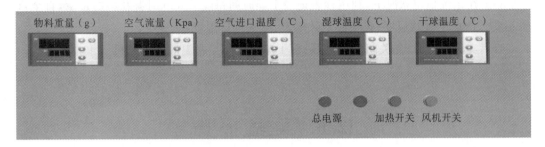

物料重量（g）　空气流量（Kpa）　空气进口温度（℃）　湿球温度（℃）　干球温度（℃）

总电源　　加热开关　风机开关

图 12-3　洞道干燥实验仪表面板图

12.4　虚拟仿真实验操作步骤

虚拟仿真实验的操作步骤如下。

（1）打开总电源。

（2）调节空气进气阀 3 至全开，启动风机 5。

（3）调节废气排出阀 1 至全开。

（4）通过调节废气循环阀 2 到指定流量（流量压差显示仪表 16 显示的数值为 0.55 kPa）后，打开加热开关。等待干球温度稳定到 70 ℃。

（5）在热空气温度、流量稳定的条件下，读取重量传感器 7 测定支架的重量并记录下来。

（6）打开舱门，加入湿物料并与气流方向平行放置（点击画面上的"物品栏"，拖动其中的物品放进重量传感器 7 上并与气流平行放置），关闭舱门，开始计时。

（7）在系统稳定状况下，记录干燥时间每隔 30 s 时湿物料减轻的重量（为缩短仿真实验时间，仿真速率设定为真实时间的 6 倍，记录数据时按真实 3 min 间隔记录），直至湿物料的重量不再明显减轻为止。读取湿球温度、空气进口温度。

（8）实验结束时，先关闭加热电源，待干球温度降至常温后关闭风机 5 和总电源。

12.5　实验操作步骤

（1）～（5）与虚拟仿真实验的步骤相同。干球温度通过手动控制加热开关，控制温度波动范围为 70 ℃±2 ℃。

（6）打开舱门，放置湿物料在支架上并与气流平行放置，关闭舱门，开始计时。

（7）在系统稳定状况下，利用秒表记录干燥时间每隔 3 min 时湿物料的重量，直至重量不变。读取干湿球温度、孔板流量计压差、空气进口温度。

（8）实验结束时，先关闭加热电源，待干球温度降至常温后关闭风机 5 和总电源。

12.6 实 验 报 告

（1）在固定热空气流量和温度条件下，绘制湿物料的干燥曲线、干燥速率曲线，并读取该湿物料的临界含水量。

（2）测定恒速干燥阶段湿物料与热空气之间的对流传热膜系数。

 思考题

（1）什么是恒定干燥条件？请说出本实验装置中采用了哪些措施来保证实验在恒定干燥条件下进行？

（2）控制恒速干燥阶段速率的因素有哪些？控制降速干燥速率的因素又有哪些？

（3）临界含水量的影响因素有哪些？

附录　实验数据分析举例

1. 实验数据说明

实验数据见表 12-1,表中符号说明如下:

G_D——试样支架的重量,g;

G_T——湿物料和支架的总重量,g;

τ——累计的干燥时间,s;

X_{AV}——两次记录之间湿物料的平均含水量,kg 水/kg 绝干物料。

表 12-1　干燥实验数据表

支架重量 G_D:88.7 g

绝干物料量 G_c:32 g

干燥面积 S:0.139×0.078×2=0.02168 (m²)

洞道截面积 A:0.15×0.2=0.03 (m²)

孔板流量计压差 R:0.55 kPa

流量计处空气温度:34.2 ℃;　干球温度 t:70 ℃;　湿球温度 t_w:28.4 ℃

序号	累计时间 τ/min	总重量 G_T/g	干基含水量 X (kg 水/kg 绝干物料)	平均含水量 X_{AV} (kg 水/kg 绝干物料)	干燥速率 $U\times10^4$ /(kg(m²·s))
1	0	185.3	2.02	2.00	3.1
2	3	184.1	1.98	1.95	4.9
3	6	182.2	1.92	1.89	4.6
4	9	180.4	1.87	1.83	5.6
5	12	178.2	1.80	1.76	5.4
6	15	176.1	1.73	1.70	5.1
7	18	174.1	1.67	1.63	5.9
8	21	171.8	1.60	1.56	5.6
9	24	169.6	1.53	1.50	5.4
10	27	167.5	1.46	1.43	5.9
11	30	165.2	1.39	1.36	5.4
12	33	163.1	1.33	1.29	5.4
13	36	161.0	1.26	1.23	5.6

14	39	158.8	1.19	1.16	5.4
15	42	156.7	1.13	1.09	5.4
16	45	154.6	1.06	1.03	5.4
17	48	152.5	0.99	0.96	5.1
18	51	150.5	0.93	0.90	5.4
19	54	148.4	0.87	0.83	5.6
20	57	146.2	0.80	0.76	5.4
21	60	144.1	0.73	0.70	4.9
22	63	142.2	0.67	0.64	5.1
23	66	140.2	0.61	0.58	4.9
24	69	138.3	0.55	0.52	5.1
25	72	136.3	0.49	0.46	4.4
26	75	134.6	0.43	0.41	3.8
27	78	133.1	0.39	0.37	2.8
28	81	132.0	0.35	0.34	2.8
29	84	130.9	0.32	0.31	2.1
30	87	130.1	0.29	0.28	2.1
31	90	129.3	0.27	0.26	2.1
32	93	128.5	0.24	0.23	1.8
33	96	127.8	0.22	0.21	1.5
34	99	127.2	0.20	0.19	1.5
35	102	126.6	0.18	0.18	1.3
36	105	126.1	0.17	0.16	1.3
37	108	125.6	0.15	0.15	1.3
38	111	125.1	0.14	0.13	1.3
39	114	124.6	0.12	0.11	1.3
40	117	124.1	0.11	0.11	1.0
41	120	123.7	0.10	0.09	1.0
42	123	123.3	0.08	0.08	0.5
43	126	123.1	0.08	0.08	0.3
44	129	123.0	0.07		

2. 实验数据计算及结果举例

下面以表 12-1 中第 1、2 组数据为例进行计算。

湿物料与支架总重量分别为 $G_{T1}=185.3$ g，$G_{T2}=184.1$ g；试样支架的重量为 $G_D=88.7$ g；绝干物料的重量为 $G_c=32$ g；则湿物料的重量 G 为

$$G_1=G_{T1}-G_D=185.3-88.7=96.6 \text{ (g)}$$

$$G_2=G_{T2}-G_D=184.1-88.7=95.4 \text{ (g)}$$

湿物料的干基含水量 X 的计算：

$$X_1=\frac{G_1-G_c}{G_c}=\frac{96.6-32}{32}=2.02 \text{ (kg 水/kg 绝干物料)}$$

$$X_2=\frac{G_2-G_c}{G_c}=\frac{95.4-32}{32}=1.98 \text{ (kg 水/kg 绝干物料)}$$

则平均含水量

$$X_{AV1}=\frac{X_1+X_2}{2}=\frac{2.02+1.98}{2}=2.00 \text{ (kg 水/kg 绝干物料)}$$

干燥速率 U 的计算：

干燥面积 $S=0.02168$（m^2），$\tau_1=0$（s），$\tau_2=180$（s），$\Delta\tau=180$（s），则干燥速率

$$U_1=\frac{\Delta W}{S\cdot\Delta\tau}=\frac{(96.6-95.4)\times10^{-3}}{0.02168\times180}=3.1\times10^{-4}(\text{kg/(m}^2\cdot\text{s)})$$

按相同步骤计算出所有组的数据，用 X 与 τ 绘制干燥曲线 X-τ 曲线；用 U、X_{AV} 数据绘制干燥速率曲线 U-X 曲线，在干燥速率曲线上读出恒速阶段的平均干燥速率 U_c 和临界含水量之后，采用式（12-4）计算恒速阶段热空气与湿物料表面之间的对流传热膜系数：

$$\alpha=\frac{Q}{S\Delta t}=\frac{U_c r_{t_w}}{t-t_w} \text{ (W/(m}^2\cdot\text{℃))}$$

其中，r_{t_w} 可通过在湿球温度 28.4 ℃下查水的汽化潜热表得到，代入上式即可得对流传热膜系数，将该值与通过经验公式（12-5）计算的 α 进行对比分析。

第 13 章

桨叶萃取塔实验

13.1 实 验 目 的

(1) 了解桨叶萃取塔的基本结构及实现萃取操作的基本流程；观察萃取塔内桨叶在不同转速下分散相液滴变化情况和流动状态。

(2) 掌握桨叶萃取塔性能的测定方法。

13.2 实 验 原 理

对于液体混合物的分离,除可采用蒸馏方法外,还可采用萃取方法。在液体混合物(原料液)中加入一种与其基本不相溶的液体作为溶剂,利用原料液中的各组分在溶剂中溶解度的差异来分离液体混合物,此即液-液萃取,简称萃取。萃取操作一般是将一定量的萃取剂和原料液同时加入萃取器中,在外力作用下充分混合,溶质通过相界面由原料液向萃取剂中扩散,两液相由于密度差而分层。一层以萃取剂 S 为主,溶有较多溶质 A,称为萃取相,用 E 表示;另一层以原溶剂 B 为主,含有未被萃取完的溶质,称为萃余相,以 R 表示。

本实验以水为萃取剂,从煤油中萃取苯甲酸。水相为萃取相(重相),煤油相为萃余相(轻相)。轻相由塔底进入,作为分散相向上流动,经塔顶分离段分离后由塔顶流出;重相由塔顶进入作为连续相向下流动至塔底经 π 形管流出。轻重两相在塔内呈逆向流动。在萃取过程中,苯甲酸部分地从萃余相转移至萃取相。萃取相及萃余相进出口浓度由容量分析法测定,考虑水和煤油是完全不互溶的,且苯甲酸在两相中的浓度都很低,可认为在萃取过程中两相液体的体积流量不发生变化。

为便于计算,萃取塔浓度表示方法可用图 13-1 表示。

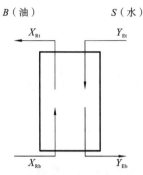

图 13-1　萃取塔内浓度表示方法

上图中,S 为水流量,B 为煤油流量,Y 为重相浓度,X 为轻相浓度,下标 E 为萃取相,下标 t 为塔顶,下标 R 为萃余相,下标 b 为塔底。

1. 按萃取相计算的传质单元数

传质单元数可按下式计算:

$$N_{OE} = \int_{Y_{Et}}^{Y_{Eb}} \frac{\mathrm{d}Y_E}{Y_E^* - Y_E} \tag{13-1}$$

式中:Y_{Et}——塔顶重相入口浓度,kg 苯甲酸/kg 水;本实验中 $Y_{Et} = 0$;

　　　Y_{Eb}——塔底重相出口浓度,kg 苯甲酸/kg 水;

　　　Y_E——塔内某一高度处重相浓度,kg 苯甲酸/kg 水;

　　　Y_E^*——与塔内某一高度处轻相浓度 X_R 成平衡的重相浓度,kg 苯甲酸/kg 水;

　　　X_R——塔内某一高度处轻相浓度,kg 苯甲酸/kg 煤油。

对于水-煤油-苯甲酸物系,可实验测绘得到 Y_E-X_R 平衡线,再利用操作线方程,可求得 $\dfrac{1}{Y_E^* - Y_E}$-Y_E 关系,之后进行图解积分,即可求得 N_{OE}。

2. 按萃取相计算的传质单元高度

传质单元高度可按下式计算:

$$H_{OE} = \frac{h}{N_{OE}} \tag{13-2}$$

式中:h——萃取塔有效高度,m;

　　　H_{OE}——传质单元高度,m。

3. 按萃取相计算的体积总传质系数

体积总传质系数可按下式计算:

$$K_{YE}a = \frac{S}{H_{OE} \times A} \tag{13-3}$$

式中：$K_{YE}a$——体积总传质系数，kg/(m³·h)；

　　　S——水的流量，kg/h；

　　　A——萃取塔截面积，m²。

13.3 实验装置

1. 实验装置简介

桨叶萃取塔实验装置示意图见图 13-2，主要由桨叶萃取塔、π形管、煤油泵、煤油箱、

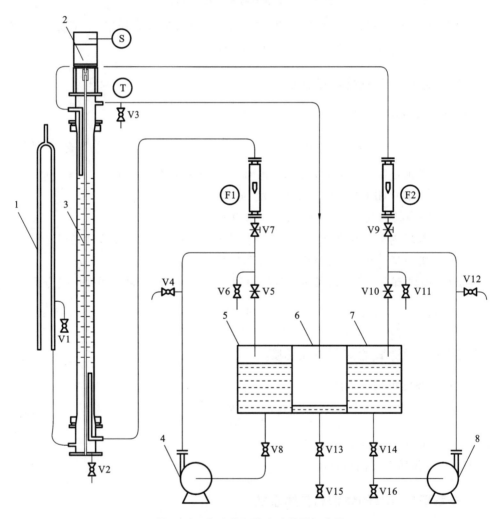

图 13-2　桨叶萃取塔实验装置示意图

1—π形管；2—电机；3—萃取塔；4—煤油泵；5—煤油箱；6—煤油回收箱；

7—水箱；8—水泵；F1—煤油转子流量计；F2—水转子流量计；V1～V16—阀门

水箱、水泵、转子流量计组成。塔内设有 16 个环形隔板,将塔身分为 15 段。相邻两隔板间距 40 mm,每段中部位置设有在同轴上安装的由 3 片桨叶组成的搅动装置。塔下部和上部轻重两相的入口管分别在塔内向上或向下延伸约 200 mm,分别形成两个分离段,轻重两相将在分离段内分离。

2. 实验设备主要技术参数

(1) 萃取塔的几何尺寸:塔径 $D=50$ mm;高度 $H=1000$ mm;萃取塔有效高度 $h=750$ mm(轻相入口管管口到两相界面之间的距离)。

(2) 水泵、油泵:离心泵。

(3) 转子流量计:不锈钢材质;型号 LZB-4;流量 1~10 L/h;精度 1.5 级。

(4) 无级调速器:调速范围 0~800 r/min,调速平稳。

3. 实验仪表面板图

桨萃取塔实验仪面板如图 13-3 所示。

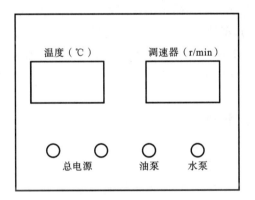

图 13-3 桨叶萃取塔实验仪表面板图

13.4 实验操作步骤

(1) 将水箱 7 加水至水箱 2/3 处,将配制好的 2‰苯甲酸的煤油混合物加入到煤油箱 5,所有阀门处于关闭状态,先全开煤油泵 4 入口阀 V8,启动轻相煤油泵 4,将轻相煤油回流阀 V5 缓慢打开,使苯甲酸煤油溶液混合均匀。全开重相水泵 8 入口阀 V14,启动水泵 8,将水回流阀 V10 缓慢打开使其循环流动。

(2) 打开阀门 V9 将水送入塔内。当塔内水面快上升到重相入口与轻相出口间中点时,调节水转子流量计 F2,将水流量调至指定值(4 L/h),并缓慢改变 π 形管 1 的高度使塔内液位稳定在重相入口与轻相出口之间中点左右的位置。

(3) 将调速装置的旋钮调至零位接通电源,开动电机固定转速为 300 r/min。调速时要缓慢升速。

(4) 打开阀门 V7,将煤油转子流量计 F1 流量调至指定值(约 6 L/h),并注意及时调节 π 形管 1 的高度。在实验过程中,始终保持塔顶分离段两相的相界面即油水分界面大约位于重相入口与轻相出口之间中点。

(5) 操作过程中,要绝对避免塔顶的两相界面过高或过低。若两相界面过高,到达轻相出口的高度,则将会导致重相混入轻相贮罐。

(6) 维持操作稳定 30 min 后,用锥形瓶收集轻相进、出口样品各约 50 ml,重相出口样品约 100 ml,准备分析浓度使用。

(7) 取样后,改变桨叶转速,其他条件维持不变,进行第二个实验点的测试。观察轻相在不同转速下液滴变化情况和流动状态。

(8) 用容量分析法分析样品浓度。

具体方法如下:用移液管分别取煤油相 10 ml、水相 25 ml,以酚酞做指示剂,用 0.01 mol/L 左右 NaOH 标准液滴定样品中的苯甲酸。在滴定煤油相时应在样品中加 10 ml 纯净水,滴定时激烈摇动,至溶液颜色由无色变粉红结束滴定。

(9) 实验完毕后,关闭两相转子流量计 F1、F2。将调速器调至零位,使搅拌轴停止转动,关闭所有阀门,停泵,切断电源。滴定分析过的煤油应集中存放回收。

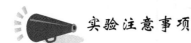 实验注意事项

(1) 调节桨叶转速时一定要小心谨慎,慢慢升速,千万不能增速过猛使马达产生"飞转"损坏设备或发生乳化。从流体力学性能考虑,若转速太高,容易液泛,操作不稳定。对于煤油-水-苯甲酸物系,桨叶转速最高可达 800 r/min,建议在 500 r/min 以下操作。

(2) 整个实验过程中,塔顶两相界面一定要控制在轻相出口和重相入口之间适中位置并保持不变。

(3) 由于分散相和连续相在塔顶、塔底滞留量很大,改变操作条件后,稳定时间一定要足够长(约 30 min),否则误差会比较大。

(4) 煤油的实际体积流量并不等于转子流量计指示的读数。需要用到煤油的实际流量数值时,必须用流量修正公式对转子流量计的读数进行修正后才能使用。

(5) 煤油流量不要太小或太大,太小会导致煤油出口的苯甲酸浓度过低,从而导致分析误差加大;太大会使煤油消耗量增加,经济上造成浪费。建议水流量控制在 4 L/h 为宜。

13.5　实　验　报　告

（1）固定两相流量，测定桨叶在不同转速下萃取塔的传质单元数 N_{OE}、传质单元高度 H_{OE} 及体积总传质系数 $K_{YE}a$。

（2）讨论强化萃取塔传质效率的方法。

 思考题

（1）分析并比较萃取实验装置与吸收、精馏实验装置的异同点。

（2）萃取过程是否会发生液泛？如何判断液泛？

附录　实验数据分析举例

1. 传质单元数(图解积分法)

下面在桨叶转速 400 r/min 下,以表 13-1 中第 2 组数据为例进行计算。

表 13-1　萃取塔性能测定实验数据表

萃取塔内径 $D=50$ mm;　萃取塔有效高度 $h=0.75$ m;　塔内温度 $t=15$ ℃
流量计转子密度:7900 kg/m³;　轻相密度:800 kg/m³;　重相密度:1000 kg/m³

项目实验序号			1	2
桨叶转速,r/min			300	400
水转子流量计读数,L/h			4	4
煤油转子流量计读数,L/h			6	6
校正得到的煤油实际流量,L/h			6.8	6.8
浓度分析	NaOH 溶液浓度,mol/L		0.01076	0.01076
	塔底轻相 X_{Rb}	样品体积,ml	10	10
		NaOH 用量,ml	10.6	10.6
	塔顶轻相 X_{Rt}	样品体积,ml	10	10
		NaOH 用量,ml	7.5	5.0
	塔底重相 Y_{Eb}	样品体积,ml	25	25
		NaOH 用量,ml	7.9	19.1
计算及实验结果	塔底轻相入口浓度 X_{Rb},kg 苯甲酸/kg 煤油		0.0017	0.0017
	塔顶轻相出口浓度 X_{Rt},kg 苯甲酸/kg 煤油		0.0012	0.00082
	塔底重相出口浓度 Y_{Eb},kg 苯甲酸/kg 水		0.00041	0.0010
	水流量 S,kg/h		4	4
	煤油流量 B,kg/h		5.44	5.44
	传质单元数 N_{OE}(图解积分)		0.49	2.46
	传质单元高度 H_{OE},m		1.53	0.30
	体积总传质系数 $K_{YE}a$,kg/(m³ · h)		1332	6794

煤油流量为 6 L/h,水流量为 4 L/h。

校正煤油流量为

$$V_{煤油,实} = V_{煤油}\sqrt{\frac{\rho_{水}(\rho_{转子}-\rho_{煤油})}{\rho_{煤油}(\rho_{转子}-\rho_{水})}} = 6 \times \sqrt{\frac{1000 \times (7900-800)}{800 \times (7900-1000)}}$$

$$= 6.8 \ (\text{L/h})$$

塔底轻相入口浓度 X_{Rb}：

$$X_{Rb} = \frac{V_{NaOH} \times c_{NaOH} \times M_{苯甲酸}}{V_{煤油} \times \rho_{煤油}} = \frac{10.6 \times 0.01076 \times 122}{10 \times 800}$$

$$= 0.0017 \ (\text{kg 苯甲酸/kg 煤油})$$

塔顶轻相出口浓度 X_{Rt}：

$$X_{Rt} = \frac{V_{NaOH} \times c_{NaOH} \times M_{苯甲酸}}{V_{煤油} \times \rho_{煤油}} = \frac{5.0 \times 0.01076 \times 122}{10 \times 800}$$

$$= 0.00082 \ (\text{kg 苯甲酸/kg 煤油})$$

塔顶重相入口浓度：$Y_{Et} = 0$。

塔底重相出口浓度：

$$Y_{Eb} = \frac{V_{NaOH} \times c_{NaOH} \times M_{苯甲酸}}{V_{水} \times \rho_{水}} = \frac{19.1 \times 0.01076 \times 122}{25 \times 1000}$$

$$= 0.001 \ (\text{kg 苯甲酸/kg 水})$$

在绘有平衡曲线（图 13-4）Y_E-X_R 的图上绘制操作线，操作线为通过塔顶、塔底两点坐标为 (X_{Rt}, Y_{Et})，(X_{Rb}, Y_{Eb}) 即 $(0.00082, 0)$，$(0.0017, 0.001)$ 的直线。

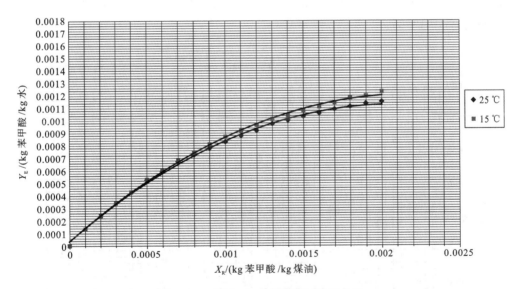

图 13-4　煤油-水-苯甲酸系统平衡曲线

操作线确定后，可在 0 至 0.001 之间，任取一系列 Y_E 值，对应在操作线上找出一系列的 X_R 值，再在平衡线上找出对应的 Y_E^* 值，代入公式计算出一系列的 $\frac{1}{Y_E^* - Y_E}$ 值，如表 13-2 所示。

表 13-2 萃取塔实验数据处理表

Y_E	X_R	Y_E^*	$\dfrac{1}{Y_E^* - Y_E}$
0	0.00082	0.00076	1324
0.0001	0.00091	0.00081	1408
0.0002	0.0010	0.00086	1511
0.0003	0.0011	0.00091	1639
0.0004	0.0012	0.00096	1786
0.0005	0.0013	0.00100	2020
0.0006	0.0014	0.00103	2325
0.0007	0.0015	0.00107	2703
0.0008	0.0016	0.00110	3333
0.0009	0.0016	0.00113	4348
0.001	0.0017	0.00116	6250

以 Y_E 为横坐标，$\dfrac{1}{Y_E^* - Y_E}$ 为纵坐标，将上表中的 Y_E 与 $\dfrac{1}{Y_E^* - Y_E}$ 一系列对应值绘制成曲线。在 $Y_E = 0$ 至 $Y_E = 0.001$ 之间的曲线以下的面积即为按萃取相计算的传质单元数（见图解积分图 13-5）：

$$N_{OE} = \int_0^{0.001} \frac{dY_E}{Y_E^* - Y_E} = 2.46$$

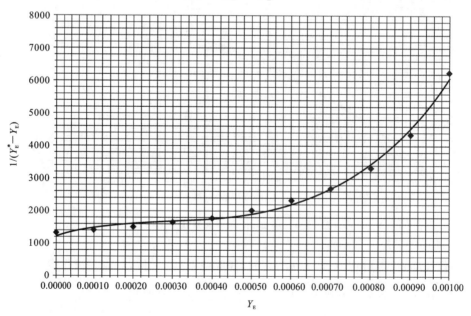

图 13-5 图解积分图

2. 按萃取相计算的传质单元高度

$$H_{OE} = \frac{h}{N_{OE}} = \frac{0.75}{2.46} = 0.30 \; (m)$$

3. 按萃取相计算的体积总传质系数

$$K_{YE}a = \frac{S}{H_{OE} \times A} = \frac{4}{0.30 \times \frac{\pi}{4} \times 0.050^2} = 6794 \; (kg/(m^3 \cdot h))$$

第 14 章

渗透蒸发膜分离实验

14.1 实 验 目 的

（1）理解渗透蒸发膜的分离原理。

（2）掌握渗透蒸发膜分离乙醇-水的操作方法。

（3）研究影响渗透蒸发膜分离性能的主要因素。

14.2 实 验 原 理

液体混合物原料被加热到一定温度后,在常压下送入膜分离器,在膜的下游侧用抽真空的方法维持低压。渗透物组分在膜两侧的蒸汽分压差（或化学位梯度）的推动下透过膜,并在膜的下游侧汽化,进而被冷凝成液体而除去。不能透过膜的截留物从膜的上游侧流出分离器。整个传质过程中渗透物组分在膜中的溶解和扩散占重要地位,而透过侧的蒸发传质阻力相对要小得多,通常可以忽略不计,因此该过程主要受溶解及扩散步骤控制。

本实验对水与乙醇的混合液进行分离,衡量渗透蒸发过程的主要指标是分离因子（α）和渗透通量（J）。分离因子定义为两组分在渗透液中的组成比与原料液中组成比的比值,它反映了膜对组分的选择透过性。渗透通量定义为单位膜面积上单位时间内透过的组分质量,它反映了组分透过膜的速率。分离因子与渗透通量的计算方法分别为

$$\alpha = \frac{y_A(1-x_A)}{x_A(1-y_A)} \tag{14-1}$$

$$J = \frac{w}{A\Delta t} \tag{14-2}$$

原料液浓度为

$$x_A = \frac{x_{A1} + x_{A2}}{2} \tag{14-3}$$

式中：x_{A1}——实验前原料液浓度；

x_{A2}——实验结束时原料液浓度；

y_A——渗透液浓度；

w——渗透液质量，g；

A——膜面积，m^2；

Δt——操作时间，h；

x_A——原料液浓度。

14.3　实验装置

1. 实验装置简介

渗透蒸发膜分离实验装置示意图见图 14-1，它主要由原料罐、进料泵、膜组件、冰盐

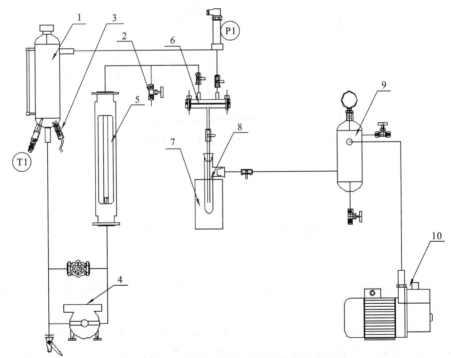

图 14-1　渗透蒸发膜分离实验装置示意图

1—原料罐；2—取样阀；3—加热棒；4—进料泵；5—转子流量计；

6—膜组件；7—冰盐水冷阱；8—渗透液收集管；9—缓冲罐；10—真空泵

水冷阱、渗透液收集管、真空泵、离心泵、冷凝器等组成。

2. 实验设备主要技术参数

本实验设备的膜室有效面积为 3390 mm²，聚酰亚胺不对称膜。
离心泵：WB50/025。
真空泵：XZ-1。

3. 实验仪表面板图

渗透蒸发膜分离实验仪表面板如图 14-2 所示。

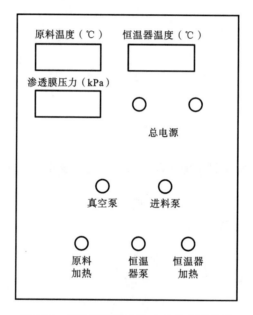

图 14-2　渗透蒸发膜分离实验仪表面板图

14.4　实验操作步骤

（1）在原料罐 1 中配制一定浓度的乙醇与水的混合原料（本实验采用 90％酒精），原料量为 2.5～3 L。

（2）将膜装入膜室，拧紧螺栓，开启原料罐 1 加热棒 3，将原料温度设定为 85 ℃，打开进料泵 4，开始循环原料，使原料温度和浓度趋于均匀，将压力恒定于 140 kPa 左右。用酒精计测定原料初始浓度（x_{A1}）。

（3）将渗透液收集管 8 用电子天平称重后，装入冰盐水冷阱 7 中，再安装到管路上，打开真空管路并检漏。

（4）料液温度恒定后，开启真空泵 10，将真空度设置为 0.095 MPa，打开真空管路阀门，观察系统的真空情况；待真空管路的压力达到预定值后，开始进行渗透蒸发膜分离实验，同时读取开始时间、原料温度、流量等数据。

（5）达到预定的实验时间后，关掉真空泵 10，立即取下渗透液收集管 8，称重后倒出渗透液。实验结束后，用酒精计检测实验结束后原料浓度（渗余液）（x_{A2}）和渗透液浓度（y_A）。

（6）取样分析后，关闭加热棒加热，关闭进料泵 4，结束实验。

 实验注意事项

（1）膜室温度不要超过 90 ℃，建议为 85～90 ℃之间。
（2）膜室压力应大于乙醇的汽化压力，85 ℃ 时压力为 140 kPa。
（3）真空应控制在 −0.09 MPa 以下。
（4）原料浓度不宜过高，建议浓度控制在 80％～90％（体积分数）之间。

14.5　实 验 报 告

将实验数据填在表 14-1 中，计算分离因子与渗透通量。

表 14-1　渗透蒸发膜分离实验数据记录表

操作时间 $\Delta t=$ _____；　渗透液质量 $w=$ _____ g			
浓度	20 ℃体积分数/（％）	乙醇质量分率	乙醇摩尔分率	水摩尔分率
原料初始浓度 x_{A1}				
渗余液浓度 x_{A2}				
渗透液浓度 y_A				

 思考题

（1）影响分离因子的因素有哪些？
（2）随着分离时间的进行，渗透通量会怎么变化？

附录　实验数据分析举例

下面对表 14-2 中的数据进行计算。

表 14-2　渗透蒸发膜分离实验数据表

	操作时间 $\Delta t = 5$ h；　渗透液质量 $w = 194.1$ g			
浓度	20 ℃体积分数/(%)	乙醇质量分率	乙醇摩尔分率	水摩尔分率
原料初始浓度 x_{A1}	85.2	0.8374	0.6680	0.3320
渗余液浓度 x_{A2}	87.6	0.8592	0.7045	0.2955
渗透液浓度 y_A	37.6	0.3545	0.1767	0.8233

以水为计算对象，则水为 A 组分，乙醇为 B 组分。从表中数据可得：

原料初始浓度：$x_{A1} = 0.3320$；

渗余液浓度：$x_{A2} = 0.2955$；

渗透液浓度：$y_A = 0.8233$；

渗透液质量：$w = 194.1$ g；

操作时间为 $\Delta t = 5$ h；

有效膜面积为 $A = 3390$ mm²。

原料浓度为

$$x_A = \frac{x_{A1} + x_{A2}}{2} = \frac{0.3320 + 0.2955}{2} = 0.3138$$

渗透通量为

$$J = \frac{w}{A \times \Delta t} = \frac{194.1}{3390 \times 10^{-6} \times 5} = 11451.3 \ (g/(m^2 \cdot h))$$

分离因子为

$$\alpha = \frac{y_A(1 - x_A)}{x_A(1 - y_A)} = \frac{0.8233 \times (1 - 0.3138)}{0.3138 \times (1 - 0.8233)} = 10.19$$

第 15 章

液-液总传质系数测定实验

15.1 实验目的

(1) 了解液-液传质实验设备的结构和特点。
(2) 了解用刘易斯(Lewis)池测定醋酸在水和乙酸乙酯中总传质系数的方法。
(3) 分析流动状况、物系性质对液-液传质的影响。

15.2 实验原理

工业设备中常将一种液相以液滴的形式分散在另一种液相进行萃取。但是当流体流经填料或者筛板等内构件时,会引起两相高度的分散和强烈的湍动,再加上液滴的分散和凝聚、液相的返混等因素,两相的实际接触面积和传质推动力都难以确定。在实验研究中,常将过程进行分解,用理想和模拟的方法进行处理。由于 Lewis 池具有恒定相界面,可造成一个相内全混、界面无返混的理想流动状态,当实验在给定搅拌速度及恒定温度下,可通过测定两相浓度随时间的变化关系,进一步利用物料衡算及传质速率方程获得总传质系数。本实验是在改进的 Lewis 池中,测定醋酸在水和乙酸乙酯中的总传质系数,其中水为重相,又称为水相;乙酸乙酯为轻相,又称为有机相或酯相。

传质速率方程如下式:

$$-\frac{V_w \mathrm{d}c_w}{A \mathrm{d}t} = \frac{V_o \mathrm{d}c_o}{A \mathrm{d}t} = K_w(c_w - c_w^*) = K_o(c_o^* - c_o) \tag{15-1}$$

式中:V_w、V_o——t 时刻水相和酯相的体积,m^3;

A——界面面积,m^2;

K_w、K_o——以水相浓度和酯相浓度表示的总传质系数,m/s;

c_w——水相浓度,mol/m^3;

c_o——酯相浓度,mol/m^3;

c_w^*——与酯相浓度成平衡的水相浓度,mol/m^3;

c_o^*——与水相浓度成平衡的酯相浓度,mol/m^3。

若平衡分配系数 m 能近似取常数,则

$$c_w^* = \frac{c_o}{m}, \quad c_o^* = mc_w \tag{15-2}$$

式(15-1)中的 $\dfrac{dc}{dt}$ 的值,可将实验数据进行拟合,然后求导得到。

若将系统达到平衡时的水相浓度 c_w^e 和酯相浓度 c_o^e 替换式(15-1)中的 c_w^* 和 c_o^*,则对式(15-1)积分可推出

$$K_w = \frac{V_w}{At}\int_{c_w(0)}^{c_w(t)} \frac{dc_w}{c_w^e - c_w} = -\frac{V_w}{At}\ln\frac{c_w^e - c_w(t)}{c_w^e - c_w(0)} \tag{15-3}$$

$$K_o = \frac{V_o}{At}\int_{c_o(0)}^{c_o(t)} \frac{dc_o}{c_o^e - c_o} = -\frac{V_o}{At}\ln\frac{c_o^e - c_o(t)}{c_o^e - c_o(0)} \tag{15-4}$$

如果以 $\ln\dfrac{c^e - c(t)}{c^e - c(0)}$ 对 t 作图,则斜率为 $-\dfrac{KA}{V}$。

15.3 实 验 装 置

1. 实验装置简介

液-液总传质系数测定实验装置如图 15-1 所示,它主要由 Lewis 池、高位槽、电机、恒温槽、加热棒等构成,通过恒温槽循环水控制 Lewis 池的温度。

实验所用的 Lewis 池,其简图如图 15-2 所示。它一端的内径为 90 mm,高为 0.22 m,池内体积为 1000 ml,用一块聚四氟乙烯制成的界面环 12(环上每个小孔的面积为 3.8 cm^2,共 6 个),把池分割成大致等体积的两隔室。两隔室的中间部位装有互相独立的六叶搅拌桨 5,在搅拌桨的四周各装设六叶垂直挡板 3、4,其作用在于防止在较高搅拌强度下造成界面扰动。两个搅拌桨由一个直流搅拌电机 7 通过皮带轮驱动。一个光电传感器监测着搅拌桨的转速,并装有调速装置,可方便地调整转速。两液相的加料经图 15-1 中的高位槽 2 注入池内,取样通过水相取样口 9、有机相(酯相)取样口 10 进行。另外,配有恒温夹套 11,通过图 15-1 中的恒温槽 6 提供循环水以调节和控制池内两相的温度。为防止取样后实际传质界面发生变化,在池的下端配有一个升降台,可以通过它随时调节液面处于界面环中心线的位置。

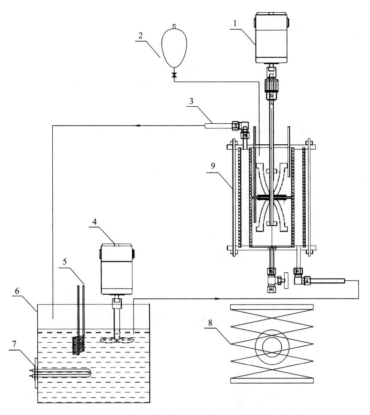

图 15-1　液-液总传质系数测定实验装置示意图

1—搅拌电机；2—高位槽；3—夹套循环水；4—循环水电机；5—冷却水接口；6—恒温槽；7—加热棒；8—升降台；9—Lewis 池

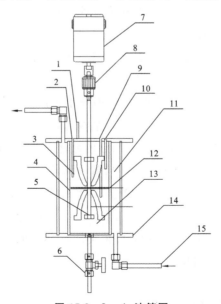

图 15-2　Lewis 池简图

1—加料口；2—温度计；3—上垂直挡板；4—下垂直挡板；5—下搅拌桨；6—放液阀；7—搅拌电机；8—联轴器；
9—水相取样口；10—有机相(酯相)取样口；11—恒温夹套；12—界面环；13—玻璃筒；14—下连接法兰；15—恒温水接口

2. 实验仪表面板图

液-液传质系数测定实验仪表面板如图 15-3 所示。

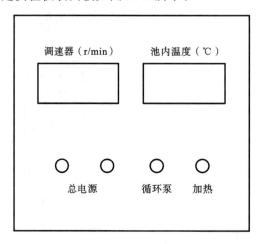

图 15-3　液-液传质系数测定实验仪表面板图

15.4　实验操作步骤

（1）实验开始前，用丙酮溶液清洗实验装置各个部位。

（2）通过高位槽 2 进行加料。首先加入第一相，即重相水 450 ml，调节界面环 12（见图 15-2）中心线的位置与液面重合，然后加入第二相，即乙酸乙酯 450 ml。加入乙酸乙酯时要缓慢沿壁面加入，尽量保持相界面稳定，避免产生相界面震动。

（3）启动恒温槽 6 上面的循环水电机 4，循环水控制 Lewis 池 9 内的温度在 25 ℃。启动搅拌电机 1，维持搅拌转速在 150 r/min 左右，如此工作约 30 min，使两相互相饱和达到平衡状态。然后从高位槽 2 加入约 40 ml 的醋酸，因为醋酸在两相中的溶质传递是从不平衡到平衡的一个过程，所以加入醋酸后就开始计时。

（4）相隔 10 min 同时取上层和下层样品，每相样品取 1 ml，采用 0.1 mol/L 氢氧化钠（NaOH）标准溶液进行滴定。如此进行，测定 8～10 组数据并记录。

（5）实验结束后，首先关闭搅拌电机 1，再关闭循环水的加热、搅拌，停止循环，关闭总电源。将实验用药品放到回收桶中。

 实验注意事项

（1）在向 Lewis 池内加料时，首先加入重相水，再加入轻相，加入乙酸乙酯时要缓慢

沿壁面加入,尽量避免相界面震动太大。

(2) 取样分析时,为保证实验数据的准确性。上层和下层样品要同时进行。

(3) 量取样品体积要准确,也可以采用取完样品后称重的办法,以减小取样环节的误差。

(4) 搅拌转速控制要稳定。

15.5　实 验 报 告

(1) 测定并绘制 c_o、c_w 对 t 的关系曲线图,计算总传质系数 K_w、K_o。

(2) 根据实验结果讨论搅拌速度与总传质系数的关系。

思考题

总传质系数的影响因素有哪些?

附录 实验数据分析举例

本实验所用物系为水-醋酸-乙酸乙酯,有关物性和平衡数据如表15-1、表15-2所示,根据物性和平衡数据可绘制25 ℃醋酸在水相和酯相中的平衡线,如图15-4所示,从图中可以读出 $m = 1.0772$。

表15-1 纯物系性质表(25 ℃)

物系	黏度 $\mu \times 10^5 /(\mathrm{Pa \cdot s})$	表面张力 $\sigma /(\mathrm{N/m})$	密度 $\rho /(\mathrm{g/L})$	扩散系数 $D \times 10^9 /(\mathrm{m^2/s})$
水	100.42	72.67	997.1	1.346
醋酸	130.0	23.90	1049	—
乙酸乙酯	48.0	24.18	901	3.69

表15-2 25 ℃醋酸在水相和酯相中的平衡浓度

酯相质量百分比/(%)	0.0	2.50	5.77	7.63	10.17	14.26	17.73
水相质量百分比/(%)	0.0	2.90	6.12	7.95	10.13	13.82	17.25
酯相浓度/(mol/L)	0.0	0.377	0.874	1.158	1.549	2.185	2.731
水相浓度/(mol/L)	0.0	0.483	1.020	1.326	1.692	2.314	2.891

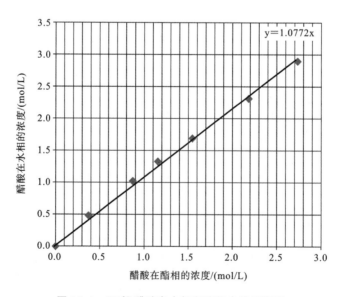

图15-4 25 ℃醋酸在水相和酯相中的平衡线

已知滴定用 NaOH 浓度 $c_{NaOH} = 0.1002$ mol/L，以表 15-3 中第 0、1 组数据为例计算酯相浓度，以及与之平衡的水相浓度。

表 15-3　液-液传质系数测定实验数据表（酯相）

序号	时间 t/s	NaOH 体积 V_{NaOH}/ml	样品重量 W_o/g	样品体积 V_o/ml	c_o /(mol/L)	c_o^e /(mol/L)	$c_o^e - c_o(t)$ /(mol/L)	$c_o^e - c_o(0)$ /(mol/L)	$\ln\dfrac{c_o^e - c_o(t)}{c_o^e - c_o(0)}$
0	600	11.20	0.82	0.91	1.23	0.16	−1.07	−1.07	0.00
1	1200	10.80	0.83	0.92	1.18	0.22	−0.96	−1.01	−0.051
2	1800	10.00	0.83	0.92	1.09	0.26	−0.83	−0.97	−0.156
3	2400	10.00	0.82	0.91	1.10	0.28	−0.82	−0.95	−0.147
4	3000	9.40	0.82	0.91	1.03	0.31	−0.72	−0.92	−0.245
5	3600	8.80	0.76	0.84	1.05	0.36	−0.69	−0.87	−0.232
6	4200	8.60	0.80	0.89	0.97	0.37	−0.60	−0.86	−0.360
7	4800	8.60	0.78	0.87	1.00	0.38	−0.62	−0.85	−0.315
8	5400	8.20	0.82	0.91	0.90	0.42	−0.48	−0.81	−0.523
9	6000	8.00	0.81	0.90	0.89	0.43	−0.46	−0.80	−0.553
10	6600	7.70	0.78	0.87	0.89	0.46	−0.43	−0.77	−0.583
11	7200	7.50	0.79	0.88	0.86	0.48	−0.38	−0.75	−0.680

第 0 组取样时间为 $t(0) = 600$（s），样品重量为 $W_o(0) = 0.82$（g），乙酸乙酯密度为 $\rho = 901$ g/L $= 0.901$ g/ml，则样品体积为

$$V_o(0) = \frac{W_o(0)}{\rho_o} = \frac{0.82}{0.901} = 0.91 \text{ (ml)}$$

滴定消耗 NaOH 体积为 $V_{NaOH} = 11.20$（ml），由 $c_{NaOH} V_{NaOH} = c_o(0) V_o(0)$ 得

$$c_o(0) = \frac{0.1002 \times 11.20}{0.91} = 1.23 \text{ (mol/L)}$$

$$c_w^e(0) = \frac{c_o(0)}{m} = \frac{1.23}{1.0772} = 1.14 \text{ (mol/L)}$$

第 1 组取样时间为 $t(1) = 1200$（s），样品重量为 $W_o(1) = 0.83$（g），则样品体积为

$$V_o(1) = \frac{W_o(1)}{\rho_o} = \frac{0.83}{0.901} = 0.92 \text{ (ml)}$$

滴定消耗 NaOH 体积为 $V_{NaOH} = 10.8$（ml），由 $c_{NaOH} V_{NaOH} = c_o(1) V_o(1)$ 可得

$$c_o(1) = \frac{0.1002 \times 10.8}{0.92} = 1.18 \text{ (mol/L)}$$

$$c_w^e(1) = \frac{c_o(1)}{m} = \frac{1.18}{1.0772} = 1.10 \text{ (mol/L)}$$

以表 15-4 中第 0、1 组数据为例计算水相浓度以及与之平衡的酯相浓度。

表 15-4　液-液传质系数测定实验数据表(水相)

序号	时间 t/s	NaOH 体积 V_{NaOH}/ml	样品重量 W_w/g	样品体积 V_w/ml	c_w /(mol/L)	c_w^e /(mol/L)	$c_w^e - c_w(t)$ /(mol/L)	$c_w^e - c_w(0)$ /(mol/L)	$\ln\dfrac{c_w^e - c_w(t)}{c_w^e - c_w(0)}$
0	600	1.50	0.99	0.99	0.15	1.14	0.99	0.99	0.00
1	1200	2.20	1.10	1.10	0.20	1.10	0.90	0.95	−0.054
2	1800	2.40	1.01	1.01	0.24	1.01	0.77	0.86	−0.111
3	2400	2.90	1.11	1.11	0.26	1.02	0.76	0.87	−0.135
4	3000	3.20	1.11	1.11	0.29	0.96	0.67	0.81	−0.190
5	3600	3.40	1.01	1.01	0.34	0.97	0.63	0.82	−0.264
6	4200	3.70	1.07	1.07	0.35	0.90	0.55	0.75	−0.310
7	4800	3.80	1.07	1.07	0.36	0.92	0.56	0.77	−0.318
8	5400	4.20	1.08	1.08	0.39	0.84	0.45	0.69	−0.427
9	6000	4.50	1.13	1.13	0.40	0.83	0.43	0.68	−0.458
10	6600	4.60	1.07	1.07	0.43	0.83	0.40	0.68	−0.531
11	7200	4.70	1.06	1.06	0.44	0.80	0.36	0.65	−0.591

第 0 组取样时间为 $t(0)=600$ (s),样品重量为 $W_w(0)=0.99$ (g),水的密度为 $\rho=997.1$ g/L$=0.9971$ g/ml,则样品体积为

$$V_w(0)=\frac{W_w(0)}{\rho_w}=\frac{0.99}{0.9971}=0.99 \text{ (ml)}$$

滴定消耗 NaOH 体积为 $V_{NaOH}=1.50$ (ml),由 $c_{NaOH}V_{NaOH}=c_w(0)V_w(0)$ 得

$$c_w(0)=\frac{0.1002\times1.50}{0.99}=0.15 \text{ (mol/L)}$$

$$c_o^e(0)=c_w(0)\times m=0.15\times1.0772=0.16 \text{ (mol/L)}$$

第 1 组取样时间为 $t(1)=1200$ (s),样品重量为 $W_w(1)=1.10$ (g),则样品体积为

$$V_w(1)=\frac{W_w(1)}{\rho_w}=\frac{1.10}{0.9971}=1.10 \text{ (ml)}$$

滴定消耗 NaOH 体积为 $V_{NaOH}=2.20$ (ml),由 $c_{NaOH}V_{NaOH}=c_w(1)V_w(1)$ 得

$$c_w(1)=\frac{0.1002\times2.20}{1.10}=0.20 \text{ (mol/L)}$$

$$c_o^e(1)=c_w(1)\times m=0.20\times1.0772=0.22 \text{ (mol/L)}$$

我们都以表 15-3 和表 15-4 中的第 0 组作为积分初始时间,且 $c_o(0)=1.23$ (mol/L)、$c_w(0)=0.15$ (mol/L),则

第 1 组酯相为

$$\ln\frac{c_o^e(1)-c_o(1)}{c_o^e(1)-c_o(0)}=\ln\frac{0.22-1.18}{0.22-1.23}=-0.051$$

第 1 组水相为

$$\ln\frac{c_w^e(1)-c_w(1)}{c_w^e(1)-c_w(0)}=\ln\frac{1.10-0.20}{1.10-0.15}=-0.054$$

其他数据同样按上述步骤进行计算。

以时间 t 为横坐标，分别以醋酸在酯相和水相的浓度 c_o、c_w 为纵坐标绘图，如图 15-5 所示。从图中可以看出，酯相浓度逐渐下降，水相浓度逐渐上升，醋酸从酯相转移到水相。

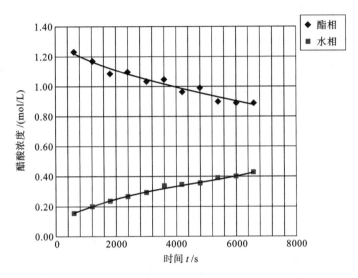

图 15-5　醋酸浓度随时间的关系图

进一步以时间 t 为横坐标，以 $\ln\frac{c_o^e-c_o(t)}{c_o^e-c_o(0)}$ 为纵坐标绘图，如图 15-6 所示，求出直线斜率为 -0.0001，即

$$\ln\frac{c_o^e-c_o(t)}{c_o^e-c_o(0)}=-\frac{K_o\times A}{V_o}\times t$$

界面环上每个小孔的面积为 $3.8\ cm^2$，共 6 个，则界面面积为

$$A=6\times3.8\times10^{-4}\ m^2=2.28\times10^{-3}\ m^2$$
$$V_o=450\ ml=4.50\times10^{-4}\ m^3$$

于是可求得

$$K_o=-\frac{4.50\times10^{-4}}{2.28\times10^{-3}}\times(-0.0001)=1.97\times10^{-5}(m/s)$$

同样以时间 t 为横坐标，以 $\ln\frac{c_w^e-c_w(t)}{c_w^e-c_w(0)}$ 为纵坐标绘图，如图 15-7 所示，则求出直线斜率为 -0.00009，于是可求得

$$K_w=-\frac{4.50\times10^{-4}}{2.28\times10^{-3}}\times(-0.00009)=1.78\times10^{-5}(m/s)$$

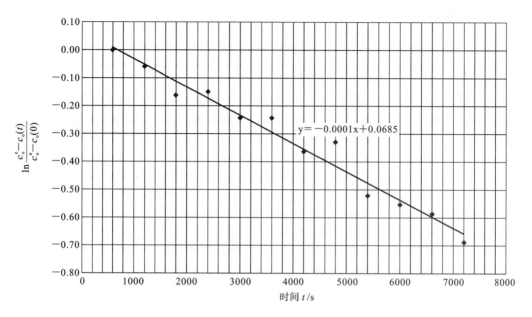

$$\text{图 15-6}\quad \ln\frac{c_{\text{o}}^{\text{e}}-c_{\text{o}}(t)}{c_{\text{o}}^{\text{e}}-c_{\text{o}}(0)} \text{ 与 } t \text{ 的关系曲线}$$

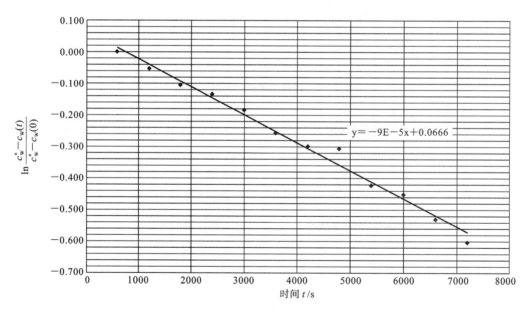

$$\text{图 15-7}\quad \ln\frac{c_{\text{w}}^{\text{e}}-c_{\text{w}}(t)}{c_{\text{w}}^{\text{e}}-c_{\text{w}}(0)} \text{ 与 } t \text{ 的关系曲线}$$

第 16 章

喷雾干燥实验

16.1 实验目的

(1) 了解喷雾干燥设备流程的基本组成、工艺特点、主要设备的结构及工作原理,掌握其实验装置的操作方法。

(2) 通过喷雾干燥操作,充分体会其干燥速率快、干燥时间短,尤其适用于热敏物料的处理,以及处理其他方法难于处理的低浓度溶液的特点。了解喷雾干燥的适用领域。

16.2 实验原理

喷雾干燥器是将溶液、料浆或悬浮液通过喷雾器分散成雾状细滴,这些细滴与热气流以并流、逆流或混合流的方式相互接触,使物料含的水分瞬间脱水得到粉状或球状的颗粒的设备。这种干燥设备不需要将原料预先进行机械分离,由于其干燥时间很短,因此特别适用于热敏性物料的干燥。料浆雾化是完成该操作的最基本条件,一般依靠喷雾器来完成,本实验采用气流式喷雾器。干燥器采用塔式结构,料浆用蠕动泵压至喷雾器,用高速气流使料浆经喷雾器喷成雾滴而分散在热气流中,雾滴中的水分迅速汽化,成为微粒落至塔底,至旋风分离器中被回收。

16.3 实验装置

1. 实验装置简介

喷雾干燥实验装置如图 16-1 所示,主要包括干燥器、气流式喷雾器、蠕动泵、转子流量计、旋涡气泵、旋风式分离器等。

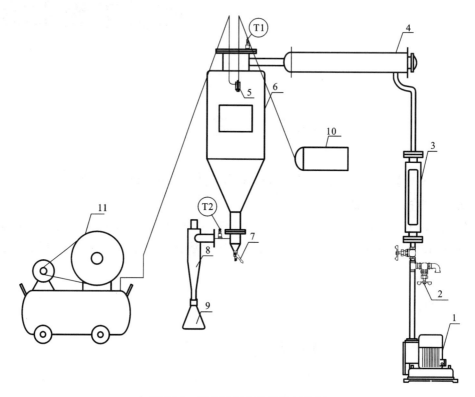

图 16-1 喷雾干燥实验装置示意图

1—旋涡气泵;2—旁路调节阀;3—空气转子流量计;4—加热器;5—气流式喷雾器;6—干燥器;7—放空阀;
8—旋风式分离器;9—收集瓶;10—蠕动泵;11—空气压缩机;T1—干燥器进口温度;T2—干燥器出口温度

2. 实验设备主要技术参数

干燥器:塔式;直径 $D=195$ mm,总高度 $H=750$ mm,带玻璃视窗。

喷雾器:气流式喷雾器。

被干燥物料:洗衣粉;粒径 $d=1.0\sim1.6$ mm。

转子流量计:LZB-40,$6\sim60$ m³/h。

旋涡气泵:型号 XGB-12。

数字温度显示仪:宇电 501,规格 0～550 ℃。

加热器:7.5 kW。

蠕动泵:BT100-2J。

4. 实验仪表面板图

喷雾干燥实验仪表面板如图 16-2 所示。

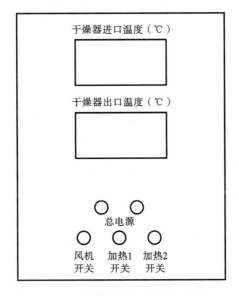

图 16-2　喷雾干燥实验仪表面板图

16.4　实验操作步骤

实验操作步骤如下。

(1) 接通电源,利用蠕动泵 10 先通入清水,查看气流式喷雾器 5 出水是否顺畅。

(2) 全开旁路调节阀 2,启动旋涡气泵 1,调节空气转子流量计 3 在 40 m³/h 左右,打开加热器 4 开关,调节干燥器 6 内温度为 250 ℃。

(3) 启动空气压缩机 11 将空气压缩至一定压力后备用。当温度逐渐升高时保持持续进水,进水量为蠕动泵 10 表显示在 5～10 r/min 之间为宜,这样做的目的是为了防止进料管温度过高时进料,料液瞬时汽化会反喷出来。

(4) 当干燥器 6 空气进口温度达到 250 ℃左右时即可开始进料,将进料由清水换成洗衣粉料浆,蠕动泵 10 表显示在 7～15 r/min 之间。同时打开空气压缩机 11 的放气阀门,释放压缩到位的气体进入气流式喷雾器 5 使料浆喷出雾化,并瞬时蒸发掉水分形成细小的粉粒,由旋风式分离器 8 分离出来,回收在收集瓶 9 中。干燥过程中通过玻璃看窗观察干燥器内物料的干燥状况。

(5)实验结束,先将空气加热电压调至零再关闭加热开关,再关闭旋涡气泵 1。将进料换成清水,再持续进水 5 min 后关闭蠕动泵 10,其目的是为了洗净进料管中残留的物料,防止其凝结堵塞喷雾器。

(6)当干燥器 6 表面已经冷却时,启动蠕动泵 10 大量通入净水(可达到蠕动泵 10 表显示的最大值 100 r/min),同时通入压缩气体,使水雾化并凝结在干燥器上形成水流,以此对干燥器 6 进行反复清洗,同时开启干燥器 6 底端的放空阀 7 排掉污水。

 实验注意事项

(1)要先启动旋涡气泵通入空气之后再开启加热,防止干烧出现事故。
(2)配制好实验用料浆后要进行过滤,避免物料颗粒过大堵塞喷雾器。
(3)实验结束时要先停止加热,再关闭旋涡气泵。

16.5 实验报告

将洗衣粉配制成一定浓度的料浆,通过蠕动泵控制料浆在一定的进料量,在一定温度下使料浆在干燥器内干燥,得到粒径一定的固体物料。将操作参数记录在表 16-1 中。

表 16-1 喷雾干燥实验数据记录表

时间 /min	干燥器进口温度 /℃	干燥器出口温度 /℃	料浆进料量 /(ml/min)	气泵流量 /(m³/h)
5				
10				
15				
20				

 思考题

气流式喷雾器的工作原理是什么?有哪些常见的喷雾器?

REFERENCES
参考文献

[1] 伍钦,邹华生,高桂田. 化工原理实验[M].3 版. 广州:华南理工大学出版社,2014.

[2] 史贤林,张秋香,周文勇,等. 化工原理实验[M].2 版. 上海:华东理工大学出版社,2015.

[2] 都健,王瑶,王刚. 化工原理实验[M]. 北京:化学工业出版社,2017.

[3] 王春蓉. 化工原理实验[M]. 北京:化学工业出版社,2018.

[4] 冯亚云. 化工基础实验[M]. 北京:化学工业出版社,2000.

[5] 李以名,李明海,储明明,等. 化工原理实验及虚拟仿真[M]. 北京:化学工业出版社,2022.

[6] 叶向群,单岩. 化工原理实验及虚拟仿真(双语)[M]. 北京:化学工业出版社,2017.